Na De Qi Kao Danliang, Fang De Xia Kan Duliang

拿得起靠胆量，
放得下看肚量

姚美海 编著

吉林出版集团有限责任公司

图书在版编目（CIP）数据

拿得起靠胆量，放得下看肚量/姚美海编著．——长春：吉林出版集团有限责任公司，2015.12
ISBN 978-7-5534-9054-0

Ⅰ．①拿… Ⅱ．①姚… Ⅲ．①成功心理－通俗读物 Ⅳ．①B848.4-49

中国版本图书馆 CIP 数据核字（2015）第 254718 号

拿得起靠胆量，放得下看肚量
nadeqikaodanli angf angd exi akanduli ang

编　　著	姚美海
出 版 人	吴文阁
责任编辑	金方建
封面设计	孙希前
开　　本	710mm×1000mm 1/16
印　　张	15
版　　次	2016 年 3 月第 1 版
印　　次	2016 年 3 月第 1 次印刷
出　　版	吉林出版集团有限责任公司（长春市人民大街 4646 号）

发　　行	吉林音像出版社有限责任公司
地　　址	长春市绿园区泰来街 1825 号
电　　话	0431-86012913
印　　刷	北京天正元印务有限公司

ISBN 978-7-5534-9054-0　　　定价：35.00 元
版权所有，翻印必究

前　言

这是一个纷杂喧嚣、物欲横流的社会，要想遁世避俗几乎不太可能，每个人都别无选择地要面对生活。如果一个人要幸福，那就让心灵抛弃浮躁，释放淡定！唯有淡定，才能让自己的内心安静下来，才能细细品味生活的万千滋味。

有一天，一个年轻人问慧海禅师："禅师，你可有什么与众不同的地方呀？"

慧海禅师答道："有！"

"那是什么？"年轻人问道。

慧海禅师回答："我感觉饿的时候就吃饭，感觉疲倦的时候就睡觉。"

"这算什么与众不同的地方，每个人都是这样的呀，有什么区别呢？"年轻人不解地问。

慧海禅师说："当然是不一样的了！俗人吃饭的时候总是想着别的事情，不专心吃饭，俗人睡觉的时候也总是做梦，睡不安稳。而我吃饭就是吃饭，什么也不想，我睡觉的时候从来不做梦，所以睡得安稳。这就是我与众不同的地方。"

慧海禅师继续说道："俗人很难做到一心一用，他们总是在利害得失中穿梭，囿于浮华宠辱，产生了'种种思量'和'千般妄想'。他们在生命的表层停留不前，这成为他们最大的障碍，他们因此而迷失了自己，丧失了'平常心'。要知道，生命的意义并不是这样，只有将心融入世界，用平常心去感受生命，才能找到生命的真谛。"

一个人能抛开杂念，将功名利禄看穿，将胜负成败看透，将毁誉得失看破，就能达到时时无碍，处处自在的境界，从而进入不浮躁的人生境界。

拥有一颗平常心，就拥有了一种豁达，一种淡定。失败了，转过身擦干痛苦的泪水；成功了，向所有支持者和反对者致以满足的微笑。其实，无论是比赛还是生活都如同弹琴，弦太紧会断，弦太松弹不出声音，保持平常心才是淡定一生的智慧。

现在的人们为了追求所谓幸福的日子，不惜透支健康、支付尊严、出卖人格以换取票子、车子、房子、权力。到垂暮老矣之时，你会发觉年轻时孜孜以求的东西是那么虚无与飘渺，这时你会对生命产生新的感悟，终于明白平常心是真谛，是福气。

拥有一颗平常心，就不会浮躁，不会焦灼，不会被欲望占满，更不会让灵魂搁浅在无氧的空间里。拥有一颗平常心就拥有一种正确的处世原则，一份自我解脱、自我肯定的信心与勇气，不会高估自己，也不会自甘堕落。拥有一颗平常心就不会只追求物质的奢华，而把自己的灵魂淹没在如潮的尘海中。因为更多的时候，生活不是让我们追求外在的繁华，而是求得内心的平静与安宁。

用一颗不浮躁的心去对待、解析生活，就能领悟生活的真谛，才会体悟淡定的妙处！

本书共分为10章，分别涵盖了人生哲理、职场、情感、处世等诸多方面的内容，以独特的视角阐明了"拿得起，放得下"是一种大境界；是人生各个阶段必须面对的挑战；是人们在社会生活中应该掌握的生存艺术；是一堂人生的必修课。本书结合生活中的事例，用通俗的评议剖析人性的弱点，阐述深刻的生活智慧，并总结出淡定做人做事的成功法则，进而帮助你更开心地生活，更快速地成就事业。

目 录

第一章　放下静心，浮躁乱心/1

　　淡定就是镇静与放下，不是不思进取，而是一种豁达；宁静不是无所追求，而是一种怡然。正所谓："物来则应，物去皆空。"对于一个人来说，只有从容淡定，才能真正地享受人生；只有做到宁静，才能"日日是好日，处处有风景"。

任凭风浪起，稳坐钓鱼台/3

淡泊明志，宁静致远/6

在潮起潮落之间，让心保持淡然/10

心宁则智生，智生则事成/12

时刻保持一份淡然的心境/15

人生要耐得住寂寞/16

第二章　远离名利，放下是福/19

　　名利就是障人眼目的一片树叶，是弥散在心里的浓雾，让人看不到更深远的人生意境。只有淡泊名利、放下名利，眼前的屏障才能拿开，心里的浓雾才能驱散。

由此眼界扩大,心境开阔,才能在人生路上看得更远,对自己内心的声音听得更清晰,目标才更明确。

少一分物欲,多一份安宁/21

看淡名利,才能少了困扰/23

荣辱不要太在意,以免伤神又伤身/26

得知淡然,失之淡然/29

贪婪的人容易受到打击/31

人之所以痛苦,在于追求错误的东西/33

淡化功利之心,做人不必太精明/37

见好就收,过犹而不及/38

第三章 肚量太小,就放不下/41

世界上之所以有那么多的人感到不快乐,是因为他们只看到人生欲望不止的那一面,没有用心真正地去感受生活、享受人生。人,之所以快乐,不是因为拥有的多,而是计较的少。

心烦意乱,只因计较太多/43

小事一桩,何必挂上心头/45

学会原谅别人/48

别太计较,得饶人处且饶人/50

摆脱郁郁寡欢,需要一颗豁达之心/52

必要时要委屈求全/56

低头是处世的柔软和权变/59

凡事不必太较真/63

第四章 放下包袱,拿起前进/67

面对生活的各种包袱,请毫不犹豫地将它卸载,就像卸载电脑中没用的软件一样,让自己淡定从容一生。不要太执著,要学会放手;但是该拿起的,就要勇敢承担,前进。

卸下心中的包袱/69

拥有空杯心态,从零开始才能进步/71

即刻放下便放下,欲觅了时无了时/74

"舍"可医治"贪"之大病/77

当鸟翼系上黄金时,就飞不远了/80

没有命定的不幸,只有死不放手的执著/82

不要在过去的爱情中苦苦纠缠/84

放手,得救的最妙药方/87

第五章 拿起放下,理性生活/91

不论我们做任何事,处在任何环境之中,都要保持沉稳冷静,表现得淡定从容。千万不可心浮气躁,急切慌乱。那样不但解决不了问题,反而会乱了分寸和章法。

不以物喜,不以己悲/93

遇事要冷静,处世要淡定/95

越是重大的决策,越是要心平气和/98

理性的人总会与机遇牵手/100

一些伟大的人物都是很淡定/102

第六章 快乐每天,要好心态/105

人生短短一世,愁也一天,喜也一天,能够决定是否快乐的就是你自己的心态。调整好了心态,你选择了快乐,自然也就拥有了快乐!相信你也希望你最终能够找到属于自己的快乐。

转个念头就会有好心情/107

释放心灵,为你的精神松松绑/109

远离浮躁,快乐每一天/112

活出好心情,才是最要紧的事/115

第七章 摒弃抱怨,展露笑容/119

善待自己最好的方法就是宽恕别人,一个淡定的人是懂得宽恕别人过错的人。淡定的人总是敞开胸怀,不计前嫌,放下恩怨,与人和气相处,然后把心思集中在自己所要做的大事上。

生气不如争气,何必自己气自己/121

心存报复,就是在自我折磨/124

不要纠结于非原则的小事/127

释怨比施恩更重要/130

痛苦只是眼里的一粒尘埃/133

第八章 大肚能容,豁达做人/135

"有容乃大,无欲则刚",包容是一种非凡的气度,是一种宽广的胸怀,是一种充满仁爱的无私境界,它是我们中华民族的传统美德,是做人应有的高贵品质。

有胸襟、有涵养的人才能淡定自若/137

心开路就开/139

待人宽一分,利人方利己/141

包容是一种参透人生的淡定/144

放下成见,化敌为友/146

让他一墙又何妨/148

持有登高望远的开阔心境/150

第九章　低调做事,越有作为/153

　　低调,是一种风度,一种淡定,一种从容,一种境界,是生活的良好状态。低调做人,不仅可以保护自己,而且还能很好地融入群体中,与身边的人和谐相处。低调做人,就是用淡定的心态来看待红尘万物,修炼到此种境界,生活便能游刃有余。

低调是一种超然的淡定/155

适时弯腰也是一种淡定/158

人生得意时,更需要将心淡定下来/161

拥有"忍一时退一步"的淡定/163

要想"高人一筹",先学"低人一等"/166

与人莫炫耀风光之事/170

第十章　要拿得起,胆识过人/175

　　一个打不倒的人,不会在困难面前叫苦不迭。他们在看到困难时,不是裹足不前、束手无策,而是从主观到客观上寻求出路与方法,在走投无路时,就有可能出现"山重水复疑无路,柳暗花明又一村"的奇迹。

做一个打不倒的人/177

充实自己的内心,做人不能太虚浮/180

人生因为有规划才不迷失/183

强者的心态铸造强者的命运/185

善于发掘自身的潜能/189

永远不要放弃自己/193

拥有一颗金子般的心/196

战胜心里的魔鬼/198

抛弃心中的杂念/201

第十一章 活在当下，明天更好/205

人生没有可回头的风景，时光倒流只是美好的夙愿。对于未来，我们要做的是去努力，而不是坐下来想象，唯有现在才是可以拿来享用的。所以，珍惜现在的每一天，这是人生中最美丽的一处驿站，好好地享受它吧！

无须为将来而烦恼/207

眼前的风景才是最美的/209

无论身处何地，全然地处于当下/211

活着，就要享受过程/214

昨天、今天、明天/216

乱我心者，昨日之日不可留/219

唯有淡忘，才能恬然/222

活在当下即是幸福/224

唯有珍惜现在，才能得到更多/228

第一章
放下静心，浮躁乱心

淡定就是镇静与放下，不是不思进取，而是一种豁达；宁静不是无所追求，而是一种恬然。正所谓："物来则应，物去皆空。"对于一个人来说，只有从容淡定，才能真正地享受人生；只有做到宁静，才能"日日是好日，处处有风景"。

任凭风浪起,稳坐钓鱼台

这世间本不存在绝对的完美,在人生旅途中,有太多的未知因素影响着我们,这其中既有顺境亦有逆境。或许此时,我们风生水起、无往不利;或许彼时,我们步履艰难、如履薄冰。面对人生中的林林总总,倘若我们能够抱持"任凭风浪起,稳坐钓鱼船"的态度,将心置于安定之中,不随外物流转而变动,我们的生活就会潇洒许多。

从前有一位神射手,名叫后羿。他练就了百步穿杨的好本领,立射、跪射、骑射样样精通,而且箭箭都能正中靶心,从来没有失过手。人们争相传颂他高超的射技,对他敬佩有加。

夏王也对这位神射手的本领早就有所耳闻呢,很想看到他的表演。于是有一天,夏王将后羿召入宫中,要后羿单独给他一个人表演,以便领略他那炉火纯青的射技。夏王命人将后羿带到御花园,寻了一处开阔地,叫人拿来了一块一尺见方、靶心直径大约一寸的兽皮箭靶,并用手指着说:"今天请你来,是想请你展示一下你那精湛的射箭本领,这个箭靶就是你的目标。为了使这次表演不至于因为没有竞争而沉闷乏味,我来给你定个赏罚规则:如果射中了,我就赏赐给你黄金万两;如果射不中,那就要削减你一千户的封地。现在请先生开始吧。"

后羿听了夏王的话,一言不发,面色变得凝重起来。他慢慢走到离箭靶一百步的地方，脚步显得相当沉重。然后，后羿取出一支箭搭上弓弦，摆好姿势拉开弓开始瞄准。

想到自己这一箭出去可能发生的结果，一向镇定的后羿呼吸变得急促起来，拉弓的手也微微颤抖，拉弓数次都没有将箭射出去。最后，后羿终于下定决心松开了弦，箭应声而出，"啪"地一声钉在距离靶心足有几寸的地方。后羿脸色瞬息苍白起来，他再次弯弓搭箭，精神却更加难以集中，射出去的箭也就偏得更加离谱。

后羿收拾弓箭，勉强陪笑向夏王告辞，悻悻地离开了王宫。夏王在失望的同时掩饰不住心头的疑惑，于是问手下："这个神箭手后羿平时射起箭来百发百中，为什么今天跟他定下了赏罚规则，他就大失水准了呢？"

手下解释说："后羿平日射箭，不过是一般练习，在一颗平常心之下，水平自然可以正常发挥。可是今天他射出的成绩直接关系到他的切身利益，叫他怎能静下心来充分施展技术呢？看来一个人只有真正把赏罚置之度外，才能成为当之无愧的神箭手啊！"

利益之下，人往往会患得患失，倘若过分计较自己的利益，则成功必然会与我们相距甚远。从后羿身上，我们应该认识到——人，无论在何种情况下，都要尽量保持平常心。

在现实生活中，我们常自以为如何、如何才是最好，但事与愿违的事情时有发生，往往令我们不能平静下来。其实，我们所拥有的，无论是顺境还是逆境，都是上天对于我们最好的安排。倘若能够认识到这一点，你便能在顺境中心存感恩，在逆境中依旧心存喜乐。

然而，在某些人的内心深处，总是有那么一股力量使他们茫然、令他们感到不安，让他们心灵一直无法归于宁静，这种力量就是浮躁！浮躁不仅是人生的大敌，而且还是各种心理疾病的根源所在。

相传古时有兄弟俩，他们都很有孝心，每日上山砍柴换钱为老母亲治病。

一位神仙被他们的孝心所感动，决定帮助他们。于是神仙告诉二人说，用四月的小麦、八月的高粱、九月的稻、十月的豆、腊月的雪放在千年泥做成的大缸内，密封七七四十九天，待鸡叫三遍后取出，汁水可卖大价钱。

兄弟两人各按神仙教的办法做了一缸。待到49天鸡叫两遍时，老大耐不住性子打开缸，一看里面是又臭又酸的水，便生气地洒在地上。老二则坚持到了鸡叫三遍后才揭开缸盖，发现里边是又香又醇的酒。

"洒"与"酒"只差一横，只早了那么一小会，便造就了两种截然不同的结果。人生在世，必要时，我们需要在心中添上一把柴，以使希望之火燃得更加旺盛；有些时候，我们又要在心中加一块冰，让自己沸腾的心静下来，剔除那些不切实际的欲望。其实，只要我们能够真正静下心来，我们就一定会比现在好得多。

浮躁这种情绪，可以说是我们成功路上的最大绊脚石。人一旦浮躁起来，就会进入一种应激状态中，火气变大，神经越发紧张，久而久之便演化成一种固定性格，使人在任何环境下都无法平静下来，因此在无形中做出很多错误的判断，造成诸多难以弥补的损失。长此以往，便会形成一种恶性循环，终使我们被淹没于生活的急流之中。所以说，一个人若想在人生中有所建树，首先就要平心静气，其次便是要脚踏实地。

一个人若想在人生中有所建树，首先就要平心静气，其次便是要脚踏实地。

淡泊明志,宁静致远

一位年轻人四处寻找解脱烦恼的秘诀。他见山脚下绿草丛中一个牧童在那里悠闲地吹着笛子,十分逍遥自在。

年轻人便上前询问:"你那么快活,难道没有烦恼吗?"

牧童说:"骑在牛背上,笛子一吹,什么烦恼也没有了。"

年轻人试了试,烦恼仍在。于是他只好继续寻找。

他来到一条小河边,见一老翁正专注地钓鱼,神情怡然,面带喜色,于是便上前问:"您能如此投入地钓鱼,难道心中没有什么烦恼吗?"

老翁笑着说:"静下心来钓鱼,什么烦恼都忘记了。"

年轻人试了试.却总是放不下心中的烦恼,静不下心来。

于是他又往前走。他在山洞中遇见一位面带笑容的长者,便又向他讨教解脱烦恼的秘诀。

长者笑着问道:"有谁捆住你没有?"

年轻人答道:"没有啊?"

长者说:"既然没人捆住你,又何谈解脱呢?"

年轻人想了想,恍然大悟,原来自己是被自己设置的心理牢笼束缚住。

世上本无事,庸人自扰之。其实很多时候,烦恼都是自找的,要想从烦恼的牢笼中解脱,首先要做到"心无一物",放下心中的一切杂念，不为外物的悲喜所侵扰，才能够抛却一切的烦恼，得到内心的安宁。

萧伯纳曾经说过："痛苦的原因在于有闲工夫担心自己是否幸福。"故事中的年轻人，四处寻找解脱烦恼的秘诀，却不知道这其实将带来更多的烦恼。许多烦恼和忧愁缘于外物，却是发自内心，如果心灵没有受到束缚，外界再多的侵扰都无法动摇你宁谧的心灵，反之，如果内心波澜起伏，汲汲于功利，汲汲于悲喜，那么即便是再安逸的环境，都无法洗脱你心灵上的尘埃。正所谓"菩提本无树，明镜亦非台，本来无一物，何处惹尘埃"，一切的杂念与烦扰，都是动摇的心旌所激荡起的涟漪，只要带着牧童牛背吹笛、老翁临渊钓鱼的心绪，而不去自寻烦扰，那么，烦扰自当远离。

有一位虔诚的佛教徒，每天都从自家的花园里，采撷鲜花到寺院供佛。

一天，当她正送花到佛殿时，碰巧遇到无德禅师从佛堂出来，无德禅师非常欣喜地说道："你每天都这么虔诚地以鲜花供佛，来世当得庄严相貌的福报。"

佛教徒非常欢喜地回答道："这是应该的，我每天来寺礼佛时，自觉心灵就像洗涤过似的清凉，但回到家中，心就烦乱了。我这样一个家庭主妇，如何在喧嚣的城市中保持一颗清净的心呢？"

无德禅师反问道："你以鲜花献佛，相信你对花草总有一些常识，我现在问你，你如何保持花朵的新鲜呢？"

佛教徒答道："保持花朵新鲜的方法，莫过于每天换水，并且在换水时把花梗剪去一截；因为花梗的一端在水里容易腐烂，腐烂之后，水分就不易吸收，花就容易凋谢！"

无德禅师道："保持一颗清净的心，其道理也是一样。我们生活的环境像瓶里的水，我们就是花，唯有不停净化我们的身心，变化我们的气质，并且不断地忏悔、检讨、改进陋习、缺点，才能不断吸收到大自然的食粮。"

佛教徒听后，欢喜地作礼，并且感激地说："谢谢禅师的开示，希望以后有机会过一段寺院中禅者的生活，享受晨钟暮鼓、菩提梵唱的宁静。"

无德禅师道："你的呼吸便是梵唱，脉搏跳动就是钟鼓，身体便是庙宇，两耳就是菩提，无处不是宁静，又何必等机会到寺院中生活呢？"

是啊，热闹场中亦可作道场；只要自己丢下妄念，抛开杂念，哪里不可宁静呢？如果妄念不除，即使住在深山古寺，一样无法修行。正如六祖慧能所说，不是风动、不是幡动，是仁者心动。心才是无法宁静的本源。

有一位青年，因为受了一些挫折变得非常忧郁、消沉。有一次他去海边散步，碰巧遇到以前的一位朋友，这位朋友正好是一位心理医生。

于是青年就向这位医生朋友诉说他在生活、社会及爱情中所遭受的种种烦恼，希望朋友能帮他解脱痛苦，斩断生命的烦恼。

安静沉默的医生朋友，似乎没听这位青年的诉说，因为他的眼睛总是眺望着远方的大海，等到青年停止了说话，他自言自语地说："这帆船遇到满帆的风，行走得好快呀！"

青年就转过头看海，看到一艘帆船正乘风破浪前进，但随即又转回去了。他以为医生朋友并没有听懂他的意思，于是就加重语气诉说自己的种种痛苦，生活中的烦恼、爱情的坎坷、社会的弊病、人类的前途等问题已经纠结得快要让他发狂了。

医生朋友好像在听，又好像不在听，依然眺望着海中的帆船，自言自语地说："你还是想想办法，停止那艘行走的帆船吧！"

说完，就转身离去了。

青年感到非常茫然，他的问题没有得到任何解答，只好回家了。过了几天，他主动去找那位医生朋友。一进门他就躺在地上，两脚竖起，用左脚脚趾扯开右脚的裤管，形状正像一艘满风的帆船。

医生朋友有点惊讶，接着就会心地笑了，随手打开阳台上的窗户，望着远处的山对青年说："你能让那座山行走吗？"

青年没有答话，站起来在室内走了三四步，然后坐下来，向医生朋友道谢，说完就离开了；走时神采奕奕，好像对生活充满了希望，完全不见了当初的消沉、颓废。

医生朋友事实上并未回答青年的问题，青年自己找到了答案。医生朋友的话让青年明白了，解决生活乃至生命的苦恼，并不在苦恼的本身，而是要有一个开阔的心灵世界；人们只有止息心的纷扰，才不会被外在的苦恼所困扼，因此要解脱烦恼，就在于自我意念的清净，正如在满风时使帆船停止。

在生活中，我们每个人都像那被情感、家庭、社会所困扰的青年一样，找不到安心的所在；唯有讲觉悟，好好地在自己的身上下工夫，从内心去改正自己的一言一行，才不至于觉得无休止的劳苦。

外在的纠葛、攫取太多，心就没有办法安宁，更无法净化；人对外在无限制地索取，常常是以支付心灵的尊严为代价的。我们应该抬起头来，看看屋外的松林，听听松涛的呼唤，眺望远处的大海以及满风的帆船，我们的心中会有对生命新的转移与看待。

一切的杂念与烦扰，都是动摇的心旌所激荡起的涟漪，只要带着牧童牛背吹笛、老翁临渊钓鱼的心绪，而不去自寻烦扰，那么，烦扰自当远离。

在潮起潮落之间,让心保持淡然

都市中的我们,如能独拥一份淡定的心境,必将享尽闲情逸致,此生活大有一种"天高云淡,鸟飞云飘"的超脱绝美,胜过世外桃源的鸟语花香。

忘记那些人间的世事无常、大起大落吧,心境怡然地过好现在的每一天,以淡定的心境去面对生活,去掉"年轻气盛"的那份冲动与激情,让自己多些成熟,少些躁动,多点儿深思熟虑,少点儿轻举妄动。

这个世界有太多的无奈,也有太多需要我们追求的东西,如果总是把自己放入忙碌之中,便会陷入一种恶性循环中无法自拔,便失去了怡然生活的意义。所以我们要释放自己,不必患得患失,不必伤感彷徨,始终淡定。岁月悠悠,我们都是你来我往的过客,所有的故事都是人生舞台上必然上演的剧目,我们可以从容走过,无须彷徨,无须失意,无须痛苦。不要计较太多,无所谓对与错,很多事情都如稍纵即逝的烟花,飘然远逝,再惊天动地的事情最终也会在弹指一挥间化为乌有,疯狂之后终将归于平静。

面对人生的大起大落,我们唯一能做的,就是坦然面对一切,保持一种淡定的心境。正如徐志摩《再别康桥》的人生境界:"悄悄地我走了,正如我悄悄地来,我挥一挥衣袖,不带走一片云彩。"郑板桥是经过了大起大落的人,虽然官做得并不大,但他对当时官场的尔虞我诈是心知肚明的。他知道，面对错综复杂的局面，他一个小小的七品芝麻官是无论如何也改变不了的。既然无法改变，那就只能接受。否则只能带来"愤世嫉俗"的消极心态，倒不如"难得糊涂"，用淡定的心态面对眼前的一切，尽管这一切并不是自己愿意看到的，但是就当时的状况，郑板桥是真的心有余而力不足。

林则徐禁烟的经历也是真正的大起大落。在年近花甲之时，林则徐被流放到新疆伊犁。那时，他的仕途一落千丈，前途一片渺茫。昔日的辉煌，已成过眼烟云，从声名赫赫的两广总督到被皇上革官免职，从威震四海的英雄到发配边疆的罪臣，因大功获重罪，实在是冤。

从1840年9月到1842年3月，林则徐先后被革职查办，以"四品钦衔"赴浙江军营效力，革去"四品钦衔"遣戍伊犁，改遣开封协助王鼎治水，最终被流放伊犁，整个过程历时一年半，前后跨三个年度，其结果，一次比一次严重，一次比一次另人伤心。尤其是最后一次，林则徐治水立了大功，按惯例应可将功折罪，但道光帝仍将林则徐发配伊犁。王鼎不平，向皇上当面苦谏，不成，便自杀，成为一时震惊朝野的"尸谏"事件，然而，道光帝依旧无动于衷。林则徐身心俱疲，国难当头，报国无门的绝望，加上治水劳累、戍途奔波，林则徐在西安大病两个多月，到1842年8月才从西安起程，踏上流放伊犁的漫漫戍途。

这是一个流放者永远刻骨铭心的伤口，面对这样的大起大落，在我们看来，他应该抱怨、消极、绝望。但是，在苦不堪言的逆境中，林则徐选择了淡定面对，最终战胜了自己，越过了新的生命高度。流放伊犁，没有将林则徐打倒，反而给了他怡然面对人生的信念。正如他亲手所书《观操守》一文中所言："观操守在利害时，观精力在饥饿时，观度量在喜怒时，观存养在纷华时，观镇定在震惊时。"林则徐一生最精彩的时光，恰恰是他被流放伊犁的这段经历，而此前的一切，似乎都是为那悲壮的"大起大落"所做的铺垫,所制造的落差,所积蓄的能量!

只有真正经历了人生起伏的人,才能做到将一切看做"没什么大不了",一切都是那么自然,随意地来、自如地去,平静如常。

事实上,只要你真正理解了"无常"的意义,你就会看透人世间的烦恼失落,享受悠悠岁月,经过幽幽暗暗反反复复的追寻,就会明白淡定才是最明智的选择。

面对人世无常能处变不惊,始终以一颗淡定心来看待,不论什么事都能波澜不惊,无论什么事都不放在眼里,心里坦坦荡荡静如止水。做到这些,你就会拥有幸福无比的人生。

心宁则智生,智生则事成

只要我们能够静下心来,便可以聆听到外界的很多声音,一如风过竹林的簌簌声、雨打芭蕉的滴答声、窗外鸟叫虫鸣的啾啾声……人的心,多在静时较为敏锐,由此,外面的境界亦历历可辨。倘若我们在静谧之中能够多用些心,智慧便会从中而生。

听过这样一则小故事:

某人在家中遗失了一块名贵手表,内心十分着急,遂请亲朋好友帮忙寻找。

于是,众人如"热锅上的蚂蚁"一般,但凡家中的瓶瓶罐罐、箱箱柜柜都翻了个遍,但依旧毫无所获。最后,众人都累得气喘吁吁,只好稍作休息。手表主人感到非常沮丧，这时一位年轻人自告奋勇，要独自再去寻找。

他要求众人在房外等候，他则独自走进了房间，坐在床上一动不动。

众人感到非常诧异——他不是要找手表吗？怎么一直不见他有所行动？所以大家也都静静地看着这位年轻人，想知道他葫芦里究竟卖的是什么药。

过了片刻，年轻人突然起身钻入床下，出来时手中拎着一块手表。

大家又喜又惊，纷纷问他："你怎么会知道手表在床下呢？"

年轻人莞尔一笑："当心静下来时，就可以听到手表的嘀答声，自然便知道它在哪儿了。"

心静，是人生的一种境界，亦是一种智慧、一种思考，更是人生成功的必要成本。若想做到心静，就必须具备一种豁达自信的素质，具备一份恬然和难得的悟性。

印度著名诗人泰戈尔曾经说过："给鸟儿的翅膀缚上金子，它就再也不能直冲云霄了。"这纷纷扰扰的大千世界处处充斥着诱惑，一个不留神，就会在我们心中激起波澜，致使原来纯净、宁静的心灵泛起喧哗和浮躁，我们就会在人生的道路上迷失方向。正所谓"心宁则智生，智生则事成"，平心静气、心无杂念才是我们成功的关键所在。

某人祖辈以屠猪卖肉为生，至他时已传承三代，在30年的卖肉生涯中，他练就了"一刀准"的绝技。他在卖肉时，身旁虽放有一台电子秤，但却很少用到。有人买肉，只要说出斤两，他便笑眯眯地点点头，说声"好嘞！"手起刀落，再用刀尖轻轻一挑，猪肉在空中划过一道弧线，便稳稳地落在张开的塑料袋中，然后自信地说一声："保证分毫不差，少一两，赔一斤！"有人不信邪，将肉放在电子秤上一称，果然是分毫不差。

这一年，当地电视台举办"绝技"挑战大赛。于是便有人劝他："你那'一刀准'绝对称得上是绝技，如果你去参赛，捧个头奖准不成问题。"该人心动了，依言去报了名。

比赛那天，主持人宣布："现在请某师傅给我一刀切 2 斤 7 两肉，要一两不多，一两不少。如果切准了，那两万元奖金就属于您了！"

该人闻言点了点头，小心翼翼地拿起切刀，但他左比量右比量，却迟迟不敢下手，额头甚至还渗出了细细的汗珠。过了片刻，在主持人的一再催促之下，他咬紧牙，一刀切了下去。而后放在电子秤上一称——2 斤 8 两半，整整多出 1 两半……

原本精湛无双的刀艺，为何会在这一刻失准呢？很明显，就是那两万元奖金扰乱了他的心神，从而使他无法发挥出自己真正的水平。

三国传奇人物诸葛亮在 54 岁时写下了《诫子书》，他在书中告诫自己 8 岁的儿子诸葛瞻："学须静也，才须学也。非学无以广才，非静无以成学。"在诸葛亮看来，心不静则必然理不清，理不清则必然事不明，人一旦心乱，就会失去理智，陷入迷茫。相反，人心若能进入"静"的境界，就会豁然开朗，人生便多了一些祥和，少了一些纷争；多了一些福事，少了一些灾祸。

我们做人，唯有高树理想与追求，淡看名利与享受，才能处身于浮华尘世而独守心灵的一方净土；才能坦对世间种种诱惑而心平如镜不泛一丝波澜。须知，唯有保持心的清静，我们才能书写一段精彩的人生。

我们做人，唯有高树理想与追求，淡看名利与享受，才能处身于浮华尘世而独守心灵的一方净土；才能坦对世间种种诱惑而心平如镜不泛一丝波澜。

时刻保持一份淡然的心境

熙熙攘攘的人群，纷繁的世界，炫目噪耳的声色之中真的更需要淡泊一些。淡然是一种心境，是一种生活的姿态，是"宠辱不惊，闲看庭前花开花落"，是诸葛先生的那副对联"淡泊以明志，宁静而致远"的傲岸和平和，是"去留无意，漫随天外云卷云舒"的风流和洒脱。

无论名利，无论得失，淡然面对，要做到这样确实不容易。

在生活中，我们经常看到这样的人，加薪了、晋升了，就到处张扬请客，恨不得让全世界的人都知道自己的得意之事；下岗了、生意失败了，要么借酒浇愁，要么到处喊冤叫屈，想博得全世界的人的同情。这种人在得失面前不能坦然待之，因此他的烦恼也就比别人多。但生活中那些充满智慧的人则能够以平常心来对待一切，得意时，他们不喜；失意时，也不忧。

古往今来，以此为追求的人数不胜数。

最能做到淡然一切的怕要数陶潜，"采菊东篱下，悠然见南山"。这首被人评价"一语天然万古新，豪华落尽见真淳"的诗，正是洗尽铅华的一种纯真的回归。能以此为乐，更是不可企及的境界啊。

王维晚年也半官半隐，"行至水穷处，坐看云起时"，都说"诗人不幸诗歌幸"，能在仕途显贵亨达，文学上也有建树的恐怕像王维这样的也不多吧。

"得意淡然，失意淡然。"这句话很有道理。

当你春风得意，鲜花、名誉摆放在你面前，称赞之声不绝于耳的时候，就特别需要"得意淡然"，控制自己的理智，否则很容易昏昏然、飘飘然。殊不知，骄兵必败，在鲜花面前放松了自己的筋骨，在荣誉面前挫平了自己尖锐的斗志，将不会再取得成功。法国著名作家大仲马就是一个很好的例子，他在写完《基督山伯爵》以后名噪一时，可是他停止了笔耕，再也没有写出更好的作品。

得意时"淡然"处之，视成功为过眼云烟，应该展望未来，创造出更辉煌的业绩。伟大的化学家居里夫人不就是在发现镭以后，又发现了钋吗？同样，在失意时也应该"淡然"面对，经历过失败之后再一次发奋，赢得胜利，所谓"留得青山在，不怕没柴烧"讲的就是这个道理。不屈不挠面对挫折，视每一次失败为磨炼自己意志的磨刀石，每一次挫折为考验自己的机遇。在经受过重重磨难之后，总结经验，吸取教训，最终取得成功。人不可能永远获胜，总会有失败，失败时应"淡然"、冷静地处理。

得意时，淡然面对荣誉称赞；失败时，淡然面对冷嘲热讽，这便是"得意淡然，失意淡然"。

人生要耐得住寂寞

一个能够坚守道德准则的人，也许会寂寞一时；一个依附权贵的人，却只有永远的孤独。心胸豁达宽广的人，考虑到死后的千古名誉，所以宁可坚守道德准则而忍受一时的寂寞，也绝不会因依附权贵而遭受万世的凄凉。

西汉扬雄世代以农桑为业，家产不过十金，"乏无儋石之储"，却能淡然处之。他口吃不能疾言，却好学深思，"博览无所不见"，尤好圣哲之书。扬雄不汲汲于富贵，不戚戚于贫贱，"不修廉隅以徼名当惜"。

40多岁时，扬雄游学京师。大司马车骑将军王音"奇其文雅"，召为门下史。后来，扬雄被荐为侍诏，以奏《羽猎赋》合成帝旨意，除为郎，给事黄门，与王莽、刘歆并立。哀帝时，董贤受宠，攀附他的人有的做了二千石的大官。扬雄当时正在草拟《太玄》，泊如自守，不趋炎附势。有人嘲笑他，"得遭明盛之世，处不讳之朝"，竟然不能"画一奇，出一策"，以取悦于人主，反而著《太玄》，使自己位不过侍郎，"擢才给事黄门"，何必这样呢？扬雄闻言，著《解嘲》一文，认为"位极者宗危，自守者身全"。表明自己甘心"知玄知默，守道之极；爱清爱静，游神之廷；惟寂惟寞，守德之宅"，绝不追逐势利。

王莽代汉后，刘歆为上公，不少谈说之士用符命来称颂王莽的功德，也因此授官封爵，扬雄不为禄位所动，依旧校书于天禄阁。王莽本以符命自立，即位后，他则要"绝其原以神前事"。可是甄丰的儿子甄寻、刘歆的儿子刘棻不明就里，继续作符命以献。王莽大怒，诛杀了甄丰父子，将刘棻发配到边远地方，受牵连的人，一律收捕，无须奏请。

道德这个词看起来有点高不可攀，但仔细回味，却如吃饭穿衣，真切自然，它是人人所恪守的行为准则。在中国历史的发展过程中，人才辈出，却大浪淘沙，说到底，归于文格、人格之高低。真正有骨气的人，恪守道德，甘于清贫，尽管贫穷潦倒，寂寞一时，却受世人赞颂。

不少现代人畏惧寂寞，其实，它可使浅薄的人浮躁，使空虚的人孤苦，也可使睿智的人深沉，使淡泊的人从容。

北宋文豪苏轼因"乌台诗案"被贬至黄州为团练副史，4 年后，写下一篇短文：

"元丰六年十月十二日，夜，解衣欲睡，月色入户，欣然起行。念无与为乐者，遂至承天寺，寻张怀民。怀民亦未寝，相与步于庭中，庭下如积水空明，水中藻荇交横，盖竹、柏影也。何夜无月？何处无竹柏？但少闲人如吾两者耳。"

透过寂寞，我们品出几分潇洒、几分自如。

古今中外，智者们往往独守这份寂寞，因为他们深知，最好的往往是最寂寞的，一个人要想成功，必须能够承受寂寞。

其实，寂寞是一种难得的感觉，在感到寂寞时轻轻地合上门和窗，隔去外面喧闹的世界，默默地坐在书架前，用手掌温柔地拂去书本上的灰尘，翻开书页，嗅觉立刻又触到了久违的纸墨清香。

第二章
远离名利，放下是福

名利就是障人眼目的一片树叶，是弥散在心里的浓雾，让人看不到更深远的人生意境。只有淡泊名利、放下名利，眼前的屏障才能拿开，心里的浓雾才能驱散。由此眼界扩大，心境开阔，才能在人生路上看得更远，对自己内心的声音听得更清晰，目标才更明确。

少一分物欲，多一份安宁

人人都有欲望，都想过美满幸福的日子，都希望丰衣足食，这是人之常情。但是，对于物质和金钱的求取，也不要过于贪婪。因为得与失是互为辩证的，在得到的同时，相应的也会失去。珍惜现在所拥有的，不要去奢求那些遥不可及的或者根本不属于你的，才是生活幸福的真谛。

我国古代南朝的中书令王僧达，从小聪明伶俐，但却养成了不知检点的毛病。孝武帝即位时，他被提拔为仆射，位居孝武帝的两个心腹大臣之上。王僧达也因此更加自负，以为自己在当朝大臣中无人能及。他在朝时间不长，就开始觊觎宰相的位置，并时时流露出这一情绪。谁知，事与愿违。就在他踌躇满志之时，却被降职为护军。此时，他并没有醒悟，仍惦记着做官，并多次请求到外地任职。这又惹怒了皇上，他被再次削职。

这回，他恼羞成怒，对朝政看不顺眼。所上奏折，言辞激昂，终于被人诬告为串通谋反而被赐死。

贪婪的人一心想填满欲望的深壑，可是总也填不满，越是填不满，就越是想要填满。最终导致心境失去平静，生活失去平和。

知足常乐，就是自我接受后的安宁、惬意的状态。去掉那些原本不属于自我的"物欲"，就像要求自己不吃过于肥腻的厚味一样。物欲减一分，精神增一分，快乐就多一分！快乐若来自于物欲的满足，是短暂而不幸的，物欲没有止境，人生就会永无宁日。只有来自于心灵的快乐，才是永久而幸福的。

在东方的一个国度里，有一对贫穷而善良的兄弟，他们靠每天上山砍柴过着艰辛的日子。一天，兄弟二人在山上砍柴时，正好遇见一只老虎在追咬一个老人。兄弟俩奋不顾身地与老虎搏斗，终于从老虎口中救下那位须发皆白的老人。这位老人是一位神仙，他念及兄弟俩的善良和勇敢，于是许愿帮助他二人得到快乐，并让他们每人要一样物品，作为送给他们的礼物。

哥哥因为穷怕了，想要有永远用不完的金银财宝，于是，神仙送给他一个点石成金的手指，任何东西，只要他用这手指轻轻一触，就会立即变成金子。哥哥如愿以偿地成了富人，买了房子置了地，娶妻生子，过着十分富有的生活。

遗憾的是，金手指也成了他的一种负担。因为，只要他稍一不小心，他眼前的人和物就会在瞬间变成冷冰冰的、没有生命的金子。他甚至不小心把他最宠爱的小女儿也变成了金子。朋友们都对他敬而远之，家人们也小心翼翼地防着他。守着取之不尽、用之不完的钱财，哥哥说不出自己是快乐还是不快乐。

而弟弟是一个单纯的人，他希望自己一辈子快快乐乐。于是，老神仙给了他一个哨子，并告诉他：无论什么时候，无论遇到什么事情，只要轻轻地吹一吹哨子，他就会变得快乐起来。

弟弟还是像以前一样，过着艰苦的生活，仍然需要与各种艰难困苦进行抗争，仍然需要靠辛勤的劳动获取温饱。但是，每当他遇到一些不称心如意的事情的时候，他就取出那只哨子，那动听的声音，就像一缕缕温暖的阳光，像一阵阵和煦的春风，驱走了他的忧伤和愁苦，给他带来快乐。

老子说："祸莫大于不知足，咎莫大于欲得。"不知足是最大的祸患，贪得无厌是最大的罪过。欲望太大，就会被欲望所累，最终你也不可能拥有所有的财富，也会让自己为此劳累一生，而感觉不到快乐。人活着总是摆脱不了欲望的纠缠，在面对巨大的诱惑的时候，我们应该秉持适可而止的原则。如果一味地任由贪婪的恶欲膨胀，陷入追求金钱的恶性循环中，其结果将是得不偿失。我们要感谢上苍已经赐予我们的财富，知足方能常乐！

人生如白驹过隙一样短暂，生命在拥有和失去之间，不经意地就会流干了。有些人在这有限的生命空间里，只知一味地索取更多，他们拥有了明媚的阳光，还想把璀璨的星光归为己有，然而越是想要占有，越是失去的更多。

我们游走于人生的大道上，一路坎坷曲折，一路荆棘丛生。有些人执着追求，不言放弃，最终钻进了死胡同；而有些人懂得了以退为进，以导为攻，迂回前进，但最后取得了圆满的成功。这不仅是一种豁达的人生态度，更是一种生活的辩证法。

看淡名利，才能少了困扰

自古以来很多人多把求名、求官、求利当做终生奋斗的三大目标。三者能得其一，对一般人来说已经终生无憾；若能尽遂人愿，更是幸运之至。然而，从辩证法角度看，有取必有舍，有进必有退，就是说有一得必有一失，任何获取都需要付出代价。问题在于，付出的值不值得。为了公众事业，为了民族和国家的利益，为了家庭的和睦，为了自我人格的完善，付出多少都值得，否则，付出越多越可悲。我们所说的忍名让利，正是从这个意义上提出的人生命题。在求取功名利禄的过程中，奉劝诸君，少一点贪欲，多一点克制，莫为名利遮望眼。

人生的真正意义在于尽力向内发掘自己的内心，向外探索未知的世界，以充实、磨炼自己，并把自己所知、所有、所得与他人分享，向社会付出，向世界付出。这样才会觉得生活空间广大开阔，人生充实而丰富多彩。名利只不过是这个过程的副产品，却被许多人当做人生唯一的目标。追名逐利，放弃人生的真实意义，这无异于是一叶障目，本末倒置。

名利就是障人眼目的一片树叶，是弥散在心里的浓雾，让人看不到更深远的人生意境。只有淡泊名利、放下名利，眼前的屏障才能拿开，心里的浓雾才能驱散。由此眼界扩大，心境开阔，才能在人生路上看得更远，对自己内心的声音听得更清晰，目标才更明确。

淡泊方能明志。看淡名利，在求知与探索中求得人生的真谛，从而更加专注于自己喜爱的事业。淡泊名利，在名利面前保持心境平和、宁静，用心走好每一步，方能在自己喜爱的事业中倾力挥洒自己的聪明才智，并在倾情挥洒中享受美好的人生，实现人生的真正意义。

袁隆平是我国杂交水稻研究创始人，被誉为"杂交水稻之父"、"当代神农"、"米神"。他为之奋斗的杂交水稻事业被人们誉为"第二次绿色革命"，给整个人类带来了福音。在他 70 多岁时，还领导一批农业科学家攻克超级杂交稻这一世界难题，掀起了新一轮的绿色革命。

袁隆平由于在农业上做出重大的贡献，获得了多项国内及国际大奖，但面对接踵而至的荣誉，袁隆平没有沉醉，保持一颗平常心，在古稀之年依然探索不止。袁隆平有两个最大的心愿：一是把超级杂交稻研究成功；二是让杂交水稻进一步走向世界。

为了实现这两个心愿，袁隆平从成绩与荣誉两个"包袱"中解脱出来，超然于名利之外，对于众多的头衔和兼职，能辞去的坚决辞去，能不参加的会议一般都不参加，梦魂萦绕的只有杂交水稻。他希望杂交水稻的研究成果不但能增强我们国家解决自己吃饭问题的能力，同时也为解决人类仍然面临的饥饿问题作出更大的贡献。因此，袁隆平把发展杂交稻当作为人类谋幸福的崇高事业。

有人为了出名，把媒体的采访看作千载难逢的机会，甚至不惜以钱谋之，但袁隆平不接受甚至躲避那些宣传个人、为自己扬名的采访，他总是淡然而坚定地对记者说："我是研究人员，不是演员。我不接受采访。"

曾有权威评估机构评估，"袁隆平"名字品牌价值达千亿元。如果他申请专利的话，或许他现在是中国最富有的人，可是他却把专利无私地贡献给国家，而他的生活依旧简朴。

袁隆平曾说："我认为，把名利看淡泊一点，不要去争名夺利，心里就会好一些。人生不是为了追名求利，应该要更崇高一点，要让思想境界高一点，这样你就会取得更多的成就。如果把名利看得太重，稍微有点不如意，受了挫折，心里反而很难受。"

他还说过："我感到最愉快的事是出新成果，这个成果给不给我荣誉是另外一回事，无所谓。能够在灵魂上得到安慰、有所寄托，就要出新成果。我不停留在原有成绩的基础上。"

年届八旬时，袁隆平仍然要骑着自己的白色小摩托到杂交稻试验田观察研究。袁隆平始终不为名利所累，不为浮躁所动，不为金钱所惑，锲而不舍，执著追求。在袁隆平的书房里挂有他自己写的一首七绝："山外青山楼外楼，自然探秘永无休。成功易使人陶醉，莫把百尺当尽头。"在他看来，探秘杂交水稻永无休止，他的研究也就"生命不息，冲锋不止"。

淡泊名利，才能心境宽广，才能在事业上取得更大的成绩，才能让人生的每一步都淡定从容。

佛学上有句话："心无所住。"一个人的心执著于什么，就会被什么困扰。看重名利，心就驻留在名利上，就会被名利所困扰、所劳累。眼里、心里全是名与利的得失，哪里还有空间去接纳其他的事物？哪还有那种淡定的气度？整个人就成了名利的奴隶了。

名利是充斥在心中的迷雾，看重名利，心灵就会迷失方向。将名利看淡，就会感到心境宽广，生活海阔天空，就能将精力专注于有益的事业，并为此奋斗不息，从而使人生充实而有意义。

名利就是障人眼目的一片树叶，是弥散在心里的浓雾，让人看不到更深远的人生意境。只有淡泊名利、放下名利，眼前的屏障才能拿开，心里的浓雾才能驱散。由此眼界扩大，心境开阔，才能在人生路上看得更远，对自己内心的声音听得更清晰，目标才更明确。

荣辱不要太在意，以免伤神又伤身

没有人愿意受到屈辱，可人生又不可能不面对屈辱。面对屈辱，无数的人们，痛心疾首，悔不当初，恨世上没有后悔药，恨给自己带来屈辱的人，有时甚至到了想将对手挫骨扬灰的地步。因为，屈辱使我们难堪，使我们蒙羞，甚至使我们事业受挫，人生失败。令周郎蒙羞的是孔明，难怪他要长叹"既生瑜、何生亮"。

其实，人生的屈辱总是与荣耀相伴，得与失总相随。当我们追逐荣耀的时候，屈辱就跟着来了；当我们想要"拥有"的时候，它的兄弟"失去"也来找我们。因此说到底，荣辱得失不分家，正所谓"祸兮福之所依，福兮祸之所伏"。

《庄子·逍遥游》中写了个叫宋荣子的人,当世上的人们都赞誉他,他不会因此得意忘形,当世上的人们都非难他,他也不会因此而更加沮丧。可见,他能清楚地划定自身与外物的区别,辨别荣誉与耻辱的界限。

　　为了在世俗生活中更好地保全自我和实现自我,为了更加从容淡定地生活,超世的精神与情怀是不可少的。超世也就是超然世外,不关心世事的发展及其结果,也不以世俗荣辱为荣辱、是非为是非。有了这一份超然,生活自会一派安然。

　　荣辱观是中华传统伦理学中最基本的道德范畴,儒道两家都谈到了它。管仲说:"仓廪实而知礼节,衣食足而知荣辱。"南宋学者吕本中说:"当官之法唯有三事:曰清、曰慎、曰勤。知此三者,可以保禄位,可以远耻辱,可以得上之知,可以得下之援。"

　　由于荣宠和耻辱的降临往往象征着个人身份地位的变化,所以,人们得宠之时也就是春风得意之时,他们当然唯恐一朝失去,就不免时时处于自我惊恐之中。得宠的人怕失宠的心理是正常的。一般来说,一个飞黄腾达的人是较少受辱的,所以,一个人在受辱的时候也往往意味着他个人地位的降低。当一个人功成名就的时候,容易欣喜若狂,甚至得意忘形,这就为受辱埋下了祸根,因为他对成就太在意了。所以古代的一些圣者都讲求淡泊名利,这成了保全自己的方法,更是一种修养。

　　一天,古希腊哲学家第欧根尼在晒太阳,亚历山大皇帝对他说:"你可以向我请求你所要的任何恩赐。"第欧根尼伸着懒腰说:"靠边站,别挡住我的阳光。"亚历山大托人传话给第欧根尼,想让他去马其顿接受召见。第欧根尼回信说:"若是马其顿国王有意与我结识,那就让他过来吧,因为我总觉得,雅典到马其顿的路程并不比马其顿到雅典的路程远。"

　　还有一次,亚历山大问第欧根尼:"你不怕我吗?"第欧根尼反问道："你是什么东西，好东西还是坏东西？"答："好东西。"第欧根尼说："又有谁会害怕好东西呢？"

征服过那么多国家与民族的亚历山大，却无法征服第欧根尼，他很佩服地感叹道："我如果不是国王的话，我就去做第欧根尼。"

一般情况下，你受宠，是你能力得到了施展，受人器重，这对你自身、对社会都有益处，尽管这种惊喜仅仅出现在你本人和家人身上。人一旦失宠，如果能保持几分理性，自然能看得开一些，那种惊恐心态也会弱化一些。

人生的际遇是变化多端、难以预测的，起伏难免，有时是逃不过去的，碰到这种时候，就应该把心放宽，心宽了，不只会为你的人生找到安顿，也会为你找到再放光芒的机会。

庄子说，幸福比羽毛还轻飘，没人知道怎么取得；灾祸比大地还要重，没人知道怎么回避。庄子借楚国狂人接舆之口呼吁："在人前用德来炫耀，真危险啊！真危险啊！"

洪应明在《菜根谭》中说："宠辱不惊，闲看庭前花开花落；去留无意，漫随天外云卷云舒。"一个人对于一切荣耀与屈辱泰然处之，用安静的心情欣赏庭院中的花开花落；对于官职的升迁得失都荣辱不惊，冷眼观看天上浮云随风聚散，那活得多自在啊。

庄子说："鹪鹩巢于深林，不过一枝；偃鼠饮河，不过满腹。"人活在世上，总想比别人有权，比别人有势，可欲望难以满足，祸患便与之相伴。所以，不如把心放开，繁闹喧哗声后，大起大落之后，淡然的回首过去，平静地迎接将来，这就是难得的好日子了。

当一个人功成名就的时候，容易欣喜若狂，甚至得意忘形，这就为受辱埋下了祸根，因为他对成就太在意了。所以古代的一些圣者都讲求淡泊名利，这成了保全自己的方法，更是一种修养。

得之淡然，失之淡然

面对得而淡然得之，面对失而淡然失之，若有这样的气度，生活中的痛就会减少几分，乐就会增加几分。这难道不是我们想要的生活吗？

唐代伟大的文学家柳宗元在《蝜蝂传》中说，有一种善于背东西的小虫蝜蝂，行走时遇见东西就拾起来放在自己的背上，高昂着头往前走。它的背发涩，堆放上东西，掉不下来。背上的东西越来越多，越来越重，不停止的贪婪行为，终于使它累倒在地。这就是对于得到不知把握，不知控制，不知选择的结果。如果它懂得及时清理掉一些东西，可能就不至于如此了。

一位旅客去三峡旅游，站在船尾观赏两岸景色时，不小心将手提包掉落在江中，包中有不少钞票，他当即不假思索地跃身投水捞包，虽然包抓到手中，可人再也没有出来。这位旅客如果能够理性地面对失去，就不至于连生命也赔进去。不能理性地面对失去，其结果可能是更多的失去。

人赤条条地来到这个世界，又手握空拳地离去，这一生不可能永久地拥有什么。一个人获得生命后，先是童年，接着是青年、壮年、老年，然而这一切又都在不断地失去，在你得到什么的同时，你其实也在失去。所以说人生获得的本身就是一种失去。人生在世，有得有失，有盈有亏。有人说得好，你得到了名人的声誉或高贵的权力，同时就失去了做普通人的自由；你得到了巨额财产，同时就失去了淡泊清贫的欢愉；你得到了事业成功的满足，同时就失去了眼前奋斗的目标。我们每个人如果认真地思考一下自己的得与失，就会发现，在得到的过程中也确实不同程度地经历了失去。一个不懂得什么时候该失去什么的人，一定无法从容淡定地面对生活。人生就是一个不断得而复失的过程，谁违背这个过程，谁就会像贪婪的蝲蝲，累倒在地，爬不起来。

俄国伟大诗人普希金在一首诗中写道："一切都是暂时，一切都会消逝，让失去的变为可爱。"居里夫人的一次"幸运失去"就是最好的说明。1883年，天真烂漫的玛丽亚（居里夫人）中学毕业后，因家境贫寒无钱去巴黎上大学，只好到一个乡绅家里去当家庭教师。她与乡绅的大儿子卡西密尔相爱，在他俩计划结婚时，却遭到卡西密尔父母的反对。这两位老人深知玛丽亚生性聪明，品德端正。但是，贫穷的女教师怎么能与自己家庭的钱财和身份相称？父亲大发雷霆，母亲几乎晕了过去，卡西密尔屈从了父母的意志。

失恋的痛苦折磨着玛丽亚，她曾有过"向尘世告别"的念头。玛丽亚毕竟不是平凡的女人，她除了个人的爱恋，还爱科学和自己的亲人。于是，她放下情缘，刻苦自学，并帮助当地贫苦农民的孩子学习。几年后，她又与卡西密尔进行了最后一次谈话，卡西密尔还是那样优柔寡断，她终于砍断了这根爱恋的绳索，去巴黎求学。这一次"幸运的失恋"，就是一次失去。如果没有这次失去，她的历史将会是另一种写法，世界上就会少了一位伟大的科学家。

学会淡定地面对失去，往往能从失去中获得。得其精髓者，人生则少有挫折，大有收获。

人的一生不可能永久地拥有什么，一个人获得生命后，先是童年，接着是青年、壮年、老年。然而这一切又都在不断地失去，在你得到什么的同时，你其实也在失去。所以说人生获得的本身就是一种失去。

贪婪的人容易受到打击

人生本不需要太多的金钱和太高的职位，钱是生不带来死不带走的东西，房子再豪华也只能占住一张床睡觉。不要贪心，该是你的东西始终都是你的。幸福与否其实并没有严格的界限，全在于人们用什么样的心态看待这个问题。只要能够坚强地活着，这本身就是很大的幸福。活着就会有希望，就会创造出属于自己的生活。很多时候，人们应该扪心自问自己到底在追求些什么东西，人生在世到底是为了什么？

很多人总是不懂得满足，他们在贪婪中迷失了自己。他们追求太多不切实际的东西，无止境的贪婪最终会招致祸端，更有甚者，贪婪会毁灭一个人。

很久以前，有一个十分贫穷的人，他吃不饱穿不暖。他的家里什么都没有，甚至只能睡在地上。即便如此，他却十分吝啬，要是他偶尔得到两个馒头，看到一个和他一样的穷人快饿死了，他都不肯施舍给别人。哪怕那个馒头已经快要变质了。他知道自己有这么个毛病，但是他怎么都改不了。可是他每天都幻想着能够发财，他说："如果我拥有很多钱财，我一定不像现在这样吝啬，我一定十分慷慨。"

一个神仙听到了他的话，便想试探他一下。于是就给了他一个装钱的口袋，并对他说："这个袋子里有一个金币，当你从里面拿出来的时候里面还会有一个金币。但是你要是想花钱的话，只有把这个钱袋扔掉才可以花钱。"

穷人欣喜若狂，他不断地从袋子里拿金币出来，他一整个晚上都没有睡觉，他告诉自己："等到我拿出足够我下半辈子吃喝的钱了，我再把袋子扔掉。"他的房子里面到处都是金币，这些钱早就够他花的了，但是当他考虑扔掉袋子的时候他又舍不得了。于是他就一直不停地往外拿金币出来。屋子里到处都是金币，可是他还是对自己说："我不能把袋子扔了。让我的钱再多一些吧，那么我就可以把袋子扔掉了。"

就这样，他不停地往外拿金币，直到最后，他虚弱的已经没有力气了，但是他还是不肯把袋子扔掉。最后他终于死在了钱袋旁边。他身旁的金子已经堆成了一座小山。神仙出现了，看见这个情景，他摇了摇头，说："都是贪婪作祟啊。"

贪婪就如同杂草一般在人的心中滋长，贪婪的人总是渴求更多的东西，直到某一天受到严重打击的时候才会觉得一切都是徒劳。杂草一旦在心中蔓延开来，就会一发不可收拾。人在一生中如果只是一味地想着自己没有的而不珍惜拥有的，又何尝会快乐，即便你拥有的再多，但是却不能让自己的心感到平静和宽容，那么你得到的东西对你来说又有什么意义？

一个人如果无法在情感上得到放松，想要的东西越多，那么心中的压抑感也会越强。人们所追求的目标总是被经济社会的浪潮一再拔高，就像上面故事中的穷人一样，不停地追求更多的钱财，欲望变得无止境。永无止境的欲望使人们更加贪婪，更加不满足，心情也变得糟糕起来。

其实每个人都是独特的，何必要与别人相比。要知道：人比人，气死人。即使我们的某一方面比别人差，那么也应该学会从别的方面找到平衡。也许我们的另一方面比别人优秀，而更重要的是，要学会做好自己的事情。

贪婪会把人带向罪恶的深渊，让人失去理智。贪婪让人与人之间的关系变得险恶起来，让人与人之间相互欺诈，让最好的朋友反目成仇。在股票市场上，人的贪婪一览无余，人们往往赚了还想赚得更多，于是最终贪婪让他失去了全部。在生活中，人们应当学会克制自己的欲望，贪字头上一把刀，贪婪会让一个人失去自我，世人大都贪图享乐，殊不知最后会被享乐所吞没。人的一生要学会知足，只有这样才可以快乐地生活，如果贪得无厌只会让自己感到烦恼。贪婪与烦恼是成正比的。贪图一时的快乐是人的致命要害，禁受不住诱惑而身败名裂的人大有人在，为了能够平静地生活，我们应该拥有正确的得失观，不可因小失大。

知足常乐，无欲则刚就是这个道理，美好的生活应该用自己的双手去创造，而不是贪念别人所拥有的东西。不劳而获的东西取之容易用之难。无论做什么事情都要有个度，要懂得分寸。要懂得适可而止的道理，总想贪小便宜的人最终会失去很多。一个人如果过于贪财，失去的不仅仅是名声和金钱，甚至其本性都会迷失。

无论做什么事情都要有个度，要懂得分寸。要懂得适可而止的道理，总想贪小便宜的人最终会失去很多。一个人如果过于贪财，失去的不仅仅是名声和金钱，甚至其本性都会迷失。

人之所以痛苦，在于追求错误的东西

道德修养高的人能达到忘我的境界，精神世界完全超脱物外的人，心目中没有功名和事业，思想修养臻于完美的人从不去追求名誉和地位。

正如庄子所说，人的境界决定了人的眼界和格局。当大鹏飞往南方时，震荡起来的水花达3000里，翼拍旋风而直冲到9万里高空，当它俯视大地的时候，看到的自然和小小的斑鸠所看到的截然不同。那么，当我们的境界只是一个汲汲于名利的庸人时，自然也就不可能体会到那些淡泊名利的人的感受。庄子的《逍遥游》同儒学的积极经世、佛学的无欲止观一样，都是人安身立命的精神追求，是生命寄托的一种途径，它所标举的精神解放，给予了在沉重压力下生存的人们一种自由的希望。

有一个小故事：

有一天，已经身为某市领导的老赵坐车去赴宴，经过市场时，车子抛锚。等待司机修理车子的时候，他无意中向车窗外看去。在一个卖羊肉串的摊位前，他看到一个熟悉的身影，他那昔日的同窗老张。老张正一手扶着自行车，一手拿着羊肉串吃得津津有味。他心中不无怜悯地想："哎呀，老同学啊，都四十好几的人了，还没混上在高级宴会里的一席之位，多么可怜啊！"

而老张这时也看到了在车中正襟危坐的老赵，他心中也十分同情地想："你现在有车有房，可是恐怕再也寻不回在街边吃小吃的逍遥自在了。你的生活完全被各种各样的名利给缠裹住了，哪能像我这样自由呢？唉，老同学啊，你的生活实在太无趣了。"

老赵和老张代表的便是两种人生价值观，一种追求名誉、地位、财富，以世俗的价值观衡量自己人生的价值；而另一种则是淡泊名利，注意精神和自由，洒脱无为。可是，前者看不到后者的逍遥，后者体会不到前者的意气风发。这便是因为价值观不同造成的境界差异。

庄子在他的作品中常用寓言故事来表达自己的见解。在《逍遥游》中，他写道：尧打算把天下让给许由，说："日月出来了，而小小的炬火还不熄灭，它和日月比起光亮来，不是太没意思了吗？雨水普降了，还要提水灌溉，这对于润泽禾苗岂不是徒劳吗？先生如果在位，一定能把天下治理得很好，可是我还占着这个位子，自己都觉得很不满意，请允许我把天下交奉给先生执掌吧。"

许由说："您治理天下，已经治理得很好了，我若再来代替您，难道是为着虚名吗？名是实的影子，我要做影子吗？鹪鹩在森林里筑巢，不过占一根树枝；鼹鼠喝大河里的水，不过喝满一肚皮。你回去吧，先生！天下对我是没有什么用的。厨师就是不做祭祀用的饭菜，掌祭奠的人也绝不会越俎代庖的。"

许由拒绝了尧的禅让，这在今人看来多少有些不可思议，那可不是一点钱一点地位，那是掌管天下的荣誉和责任啊！可是，在许由看来，自己不求名利，没有理由要接替尧的工作，因为尧已经做得很好了。那么他要什么呢？他要的是安守本分。

安守本分，用俗话来讲，也就是"有多大的肚皮吃多少饭"，吃多了会撑着的。饭吃八分饱，做人也要留有余地。犯不着为自己不需要的东西搭上一辈子，因为他要的不过是一张床、一餐饭而已，哪里需要天下那么大呢？

肩吾对连叔说："我听了接舆的一番言论，大而无当，不着边际。我很惊讶于他的话，那就像天上的银河一样看不到首尾。真是怪诞背谬，不近情理啊！"

连叔说："他说了些什么呢？"

肩吾说："他说：'遥远的姑射山中，有一神人居住在里边。那神人皮肤洁白，如同冰雪般晶莹；姿态柔婉，如同室女般柔弱；不吃五谷杂粮，只是吸清风喝露水；他乘着云气，驾着飞龙，在四海之外遨游。他使万物不受灾害，年年五谷丰收。'我认为这些话是狂妄而不可信的。"

连叔说："是呀！我们无法让瞎子领会文采的华丽；无法让聋子知

晓钟鼓的乐声。岂止是在形体上有聋有瞎，在智慧上也有啊！听你刚才说的话，你还是和往日一样啊！那个神人，他的德行，与万物合为一体。世人期望他来治理天下，他哪里肯辛辛苦苦地管这种微不足道的事呢？这样的人，没有什么东西可以伤害他，洪水滔天也淹不着他；大旱时把金石都熔化了，把土山都烧焦了，他也不觉得热。他的'尘垢秕糠'也可以制造出像尧、舜那样的圣贤君主来。他哪里肯把治理天下当作自己的事业呢？"

宋国有人把帽子贩卖到越国去，可是越国气候炎热，人们习惯于把头发剃光，身上纹着图案，他们要帽子有什么用呢？

尧治理天下的人民，使海内政治清平；他到遥远的姑射山中，汾水的南边，拜见了4位得道的真人，他不禁恍然顿悟，把天下都忘掉了。

忘掉天下，这不是自私到只知小我不知大我，而是真正的旷达境界。芸芸众生把名利当作必需品，以为只有获得了名利生活才能更自由更幸福，然而看世间有多少因名利而引来的灾祸呢？对于那些臻于无己境界的人们来说，虽然无心立功建业，却能名盖天下；虽然有着名满天下的辉煌，却能韬光晦迹，不在意世俗的名利而逍遥自得，恬淡无怀，无往而不逍遥，无适而不自得。

可见，当人外无所求、内无所羡之时，自然而然就会到达"至足"的境界。庄子之《逍遥游》，即为一"乐"字，而此中之乐绝非得所欲求之乐，而是不羡求功名利禄，不挂怀死生祸福、利害得失之精神至足之乐。这种快乐，对于满脑子只有名利二字的人来说，是无法企及、也无法想像的。这种快乐，不是纵情任性的，而是要在心灵和精神上不断地修养才能达到的。

人们往往会沉迷于学习大鹏那样一飞冲天，邀游四海，以为这样就可以逍遥快乐，然而却忘记了立足实际，安分守己。一个人若失去了平常心，那么快乐也就离之而远去了。

淡化功利之心，做人不必太精明

在日常生活中，有一些非常精明的人。他们处处要显得比别人更加神机妙算，更加讨巧投机。他们总在算计着别人，以为别人都不如他们聪明，而可以从中揩点油，讨点便宜。好像他们这样做就会过得比别人好。这种人功利心太重，把功利当作人际关系的首要，他们日子过得很累，很紧张，过得很缺乏乐趣。

太精明的人的确过得很累。他们算计着别人，沾别人的便宜，肯定也会产生相应的心理，害怕别人也可能在算计他，也可能要侵占他的利益。因此，他们必须处处提防，时时警惕，小心翼翼过日子。别人很随意说的一句话、干的一件事，也许什么目的也没有，但过于精明者就会在心里受到刺激，晚上回到家里，躺在床上也要细细琢磨，生怕别人有什么谋划会使他吃亏。这样，他在处理人际关系上就显得不诚实、不大方，甚至很造作。我们碰到的许多生活中的精明者，性情都不开朗，心里都相当虚假，神经都相当过敏，为人都相当委琐。这恐怕和他们过日子那种紧张感有直接的关系。

其实，真正聪明的人知道，做人不必太精明。这是指一般的生活以及平常的人际关系。生活毕竟不全如商场那样明争暗斗，危机四伏，总需要些温情和睦，非功利的关系，因此也就没有必要过于斤斤计较、精打细算，反倒是随遇而安的好。

的确，过日子有时需要精打细算，才能把日子安排得既合理，又过得舒服。同样的收入，糊涂人就和精明人过得不一样。但是，过于精明，处处显得精明，甚至在人际关系中也玩这一套，就显得失当了。这样的人，很难和人搞好关系，很难讨人喜欢。所以，即使他在物质上比人多享受点，但精神上付出的代价则更大，要是真精明，就得算算这笔账。

一个人要把日子过得舒服，是不能单靠东捞一点、西沾一点，靠算计别人占便宜。我们日子过得轻松愉快，很大程度上要靠真诚、信赖、友好，碰到难处互相帮助，有了好处大家享受。这就要求我们每一个人都不必太精明，不要担心自己会失掉些什么。大家相互谦让，互相贡献，相互让利，关系融洽和睦了，比什么都好。不太精明的人容易和大家成为朋友，就因为大家可以轻松相处，少有功利，多有温情，不必处处抱有戒心，有安全感。太精明的同事或朋友，总让人觉得不可靠。人们需要周围的人聪明、机智，但不要太精明。

我们可以不太精明，但应有智慧。在生活中，许多人并非真的糊里糊涂过日子，而是不想为过于精明所累。一个聪明人不会患得患失，也不会囿于世俗中的鸡毛蒜皮之事而无法自拔，这样的人心胸开阔，为人豁达，日子过得有意思，有价值。

在生活中，无论事情大小，都要负起自己的责任。不要只顾个人的利益得失；而应该多考虑考虑别人的感受，多为别人着想。切记"有所得就有所失，而有所失就有所得"的古训。

见好就收，过犹而不及

古时候，有个人想出了一个捕捉野鸡的好办法。他把箱子制作成一个有进无出的陷阱，一旦野鸡进去了，只要把进口堵上，野鸡就难以逃出来。

这天，他抓来一把玉米，从箱子外面一路撒下去，一直撒到箱子里面，然后他在箱子盖上系了一根绳子，自己攥着绳子的一端，远远地躲在一边，等着野鸡的到来。只要他把绳子轻轻一拉，箱子盖就会关上，野鸡就跑不出来了。

不一会，一群野鸡看到了玉米粒，都欢快地啄食起来，他数了数一共有 10 只呢。10 只够他吃好几天的了。有 3 只进箱子里了……已经有 7 只了、8 只了，他盯着外面的 2 只野鸡，要是它们也进去了，自己就可以一个礼拜不用出来工作了。

他正想着，1 只野鸡溜了出来。他懊悔地想刚才真该拉绳子。如果再进去 1 只我就关，他这样想。可是又出来 2 只，在他想的时候又跑出来 2 只……

最后，他眼睁睁地看着那些野鸡心满意足地离去了。箱子里什么都没有了，包括他的玉米粒。

如果故事中的主人公在 8 只野鸡进入箱子的时候，就拉绳子，或者在第一只野鸡溜出来的时候捕捉野鸡，他的收获都是很可观的。可惜的是，他不懂得"见好就收，见坏更要收的道理"，该断的时候不断，自然会"反受其乱"了。

也许有人会说，见好就收可能会失去更多的好机会，当然，不排除这种可能性，但是当这个"好"到了一定的限度，收也无妨，毕竟你已经占有了大部分利益。10 只野鸡捕到了 8 只，已经是决定性的胜利，如果把目标定在百分之百的占有上，那不是雄心壮志和目光长远，而是人心贪婪的表现。

说到"见坏更要收"，那是因为机遇中往往隐藏着巨大的风险，许多问题的严重性随时变化，拖得越久就越难以解决。当事情呈现出不良倾向时，你还期待着事情朝好的方向发展，那无异于给问题恶化的机会，也无异于把自己的利益交给不可知的外力。如果为了难以预料的未来的利益，而牺牲眼前的大部分利益，这是明智之举吗？只是因小失大的短浅罢了，最后的结果必然是浪费时间和错失良机。

很多商人在情况开始恶化的时候，依然抱着缥缈的幻想，祈祷事态按照预想情况发展下去，他们无法客观分析状况，也不做补救措施，根本就没有立刻停止的意识。这种盲目坚守最后导致的是企业和生意深陷困境，甚至无法挽回。

生意场上不能把算盘打得太响，有 7 分的把握还会有 3 分冒险，这个时候就要懂得"见好就收"，以免事情向坏的方向转化；当事情只有 3 分把握 7 分冒险的时候，就是你该收场的时候了，如果不当机立断，就会在幻想和迟疑中把事情弄得更糟，遭受的损失也会更大，这也就是我们说的"见坏更要收"。

很多时候，事情的发展并不像人们主观想像的那样，能否早退一步有时就决定整件事情的成败。见好就收才能谋得更多的利益。

第三章
肚量太小,就放不下

世界上之所以有那么多的人感到不快乐,是因为他们只看到人生欲望不止的那一面,没有用心真正地去感受生活、享受人生。人,之所以快乐,不是因为拥有的多,而是计较的少。

心烦意乱，只因计较太多

叔本华说："我们很少想到我们已经拥有的，而总是想到我们所没有的。"在羡慕别人优越的物质生活的时候，为什么不看看自己拥有的亲密的好友、疼爱你的亲人、健康的身体、稳定的工作呢？快乐其实是一种心境，不在于你拥有多少，而在于你能放下多少。我们之所以不快乐，主要是因为妄想太多，追求不断，贪念很重，总希望拥有一切。我们明明已经拥有很多，但总是觉得自己拥有的还不够，不停地追求下去，让自己不安心，只能越来越不快乐。

有位聪明人的朋友，拥有一栋全村最豪华的别墅，每个人都认为他的生活如此富裕，应该过得很快乐。

当聪明人拜访这位朋友的时候，却发现他愁眉苦脸。

聪明人关心地问："你怎么了，什么事让你不开心呢？"

朋友说："你有没有看到，对面那座刚盖起来的新房子？"

聪明人果然看到了一座巨大的花岗岩别墅。

朋友说："自从对面有了这栋豪宅后，我几乎失去了所有的快乐。我不再是最富有的人，他比我拥有的还多，从早上起来到晚上入睡，我都会看见那栋房子，甚至做梦也会梦到，更惨的是，我经常从噩梦之中惊醒。"

聪明人说："可是你现在什么事情也没有发生啊！还是住在这么豪华的房子里，为什么从前那么快乐，现在却不快乐了呢？更何况你的快乐和痛苦跟你的邻居有什么关系呢？"

朋友说："你没看见他的房子比我的更豪华、更上档次吗？"

聪明人摇了摇头，说："你现在被邻居的豪宅所折磨，也许你的邻居正因为你的大房子忍受了长久的折磨，这才把房子盖得比你的还豪华，你们都是同一类人啊。"

有时候，我们总是将自己放在了自己设计的圈套中，总是只看到别人拥有的东西，却忘了珍惜自己拥有的一切。羡慕让我们在不断的计较中忘了享受自己所得到的，等到失去的时候才发现，原来自己也曾富裕过。人一生要遇到很多不顺的事，如果你遇事斤斤计较不能坦然面对，或抱怨或生气，最终受伤害的只有你自己。莫生气，不要计较太多，知足常乐。容易满足的人，才会更加快乐、幸福。

两位天使，一老一少，外出旅行。一天晚上，他们来到一个富有的家庭借宿。富人对他们并不友好，拒绝他们在舒适的卧房过夜，只是在冰冷的地下室给他们找了一个角落。当他们铺床时，老天使发现墙上有一个黑洞，就顺手把它修补好了。

小天使问老天使原因，老天使说："有些事情并不像看上去那样。"

第二天晚上，两人到一个非常贫穷的农家借宿。主人对他们非常热情，把仅有的一点食物拿出来款待客人，甚至腾出自己的床铺给两个天使。第二天一早，农夫和他的妻子都在哭泣，他们唯一的生活来源没了，一头奶牛死了，他们再也没有生活的依靠了。

小天使非常愤怒，质问老天使为什么会这样：第一个家庭什么都有，老天使还帮他们补墙洞；第二个家庭如此贫穷，但还是热情地款待客人，老天使却没有阻止奶牛的死亡。

"有些事并不像你看上去那样。"老天使说，"当我们在地下室过夜时，我从墙洞里看到里面堆满了金块。因为主人被贪欲所迷惑，不愿意和人分享他的财富，我就把墙洞堵上了。"

"昨天晚上，死亡之神来召唤农夫的妻子，我让奶牛代替了她。所以有些事情并不像你看上去那样。他们只是失去了一部分，这就看他们是否珍惜了。那头奶牛虽然死了，但他们应该庆幸自己还能健康地活着。"

生活本来应是快乐的，何必斤斤计较给自己徒增烦恼和压力呢？这样做无异于自己拿着鞭子把自己赶进了监狱或坟墓。谁都会有痛苦、困惑、烦忧或委屈的时候，怀着平淡的心态去看待或解决这些伤神、无奈的事，我们就会获得快乐。

人生是快乐的，生活是美满的。世界上之所以有那么多的人感到不快乐，是因为他们只看到人生欲望不止的那一面，没有用心真正地去感受生活、享受人生。人，之所以快乐，不是因为拥有的多，而是计较的少。世界上之所以有那么多的人感到不快乐，是因为他们只看到人生欲望不止的那一面，没有用心真正地去感受生活、享受人生。人，之所以快乐，不是因为拥有的多，而是计较的少。

小事一桩，何必挂上心头

生活中不要因为一些鸡毛蒜皮、微不足道的小事而大动肝火，为这些小事而浪费你的时间、耗费你的精力是不值得的。英国著名作家迪斯雷利曾经说过："为小事生气的人，生命是短暂的。"如果一个人真正理解了这句话的深刻含义，那么他就不会再为一些不值得一提的小事情而生气了。人生短暂，我们应该开开心心地过好每一天。

从前，有个妇人，遇到不顺心的事时就生气，和邻居、朋友的关系都搞得很僵。她非常恼火，想改吧，一时又改不了，于是终日闷闷不乐。

有一天，她和一个好友聊天时，说出了心中的苦闷。朋友听完后就对她说：我听说南山庙里的老和尚是个得道高僧，他也许可以帮你解决这个问题！

于是，她去找那个和尚。对和尚说："大师，我怎么老是生气呢？你能告诉我为什么吗？"大师笑而不答："哦，施主，请跟我来！"和尚把妇人带到了一个小柴房的门口说："施主，请进！"妇人很奇怪，但又不明白老和尚的意思，她还是硬着头皮走进了柴房！这时老和尚迅速把门关上并上了锁，继而转身走了。妇人一看，就气不打一处来："你个死和尚，干吗把我关在里面啊？快放我出去……"

骂了很久，高僧也不理会。妇人又开始了哀求，高僧仍置若罔闻，最后妇人总算是沉默了。高僧来到门外，问她："你现在还生气吗？"妇人回答说："我只是在生我自己的气，我为什么会到这鬼地方来受罪。""连自己都不能原谅的人怎么能够原谅别人呢？"高僧拂袖而去。

过了许久，高僧又来问她："还生气吗？""现在不生气了。"妇人回答说。"为什么呢？""气也没有办法啊。""你的气还没有消逝，还压在心里，爆发以后仍会很剧烈。"高僧说完又离开了。

当高僧第三次来到门前时，妇人立即上前说："我现在不生气了，原因是不值得气了。""还知道什么叫不值得呀，看来心里还有衡量，还是有慧根的。"高僧笑着说。当高僧迎着夕阳站在门外时，妇人这样问高僧："大师，何为气呢？"高僧把手中的茶水倾洒在了地上。妇人看了很久以后，顿悟，叩谢后回去了。

何苦要气？气便是别人吐出而你却接到口里的那种东西，你吞下便会反胃，你不看它时，它便会消散了。气是用别人的过错来惩罚自己的蠢行。夕阳如金，皎月如银，人生的幸福和快乐尚且享受不尽，哪里还有时间去气呢？

能掌握自己情感的人是不会垮掉的，因为只有能够主宰自己、控制自己情绪的人，才能从失意中找到快乐，才能随时跟生气说拜拜。不懂得控制自己情绪的人，只能成为人人远离的小气包。

快乐从不曾远离你，而是你远离了快乐。生活中只要你细心体会，学会从另一个角度看待人和事，学会为快乐寻找一个支点，那么生活就会是另一番模样。

有一个富翁背着许多金银财宝到处寻找快乐，可当他走过万水千山仍未找到快乐，沮丧地坐在山道边，问一背着一大捆柴草从山上走下来的农夫，为何自己没有快乐？

农夫放下沉甸甸的柴草，舒心地擦着汗水："这个其实很简单，只要你放下就可以啦！"富翁茅塞顿开：自己背负那么重的珠宝，深怕别人来抢，怕别人来偷，整日忧心忡忡，怎么会快乐呢？

于是富翁匆匆下山，他将所有的珠宝都接济给了穷人，专做善事。帮助穷人的善举滋润了富翁的心灵，没有了那些珠宝的富翁少了许多的担心。与此同时，他真切体会到了"放下"的快乐。

你拥有的东西并不是越多越好。当今社会，许多人被金钱利益蒙蔽了双眼，沉重的压力让他们喘不过气来，快乐又从何说起呢？其实只要你心无牵挂，看得开，放得下，心胸坦荡，快乐就会时常伴你左右。

其实很多时候，只要我们舍得放下手中紧握的东西，很多问题就可以迎刃而解。学会放下是一种明智的选择，是另一种宽广的拥有，是人生的真谛、快乐的奥秘。只要我们学会放下，就会发现所有的纠结都可以海阔天空。

人的生命是短暂的，它如同一叶扁舟，载不动太多的物欲和虚荣，要想不在途中搁浅或沉没，就必须轻载。

学会原谅别人

当别人伤害了你,你不能原谅,而是反过来怨恨他,以致自己精疲力竭、未老先衰,这难道不是在别人伤害你的基础上又加大了对自己的惩罚吗?有位哲人曾经教导我们:"怀着爱心吃青苹果比带着愤怒吃海鲜强得多。"放不下只能使你变成一只蚕,用厚重的烦恼丝把自己层层捆缚起来。

在一座寺庙里,有一位金代禅师,他非常喜欢兰花。禅师在这个庙里修行了很多年,也种了很多名贵的兰花。

在每天讲经说法之余,金代禅师总是非常认真地照顾他的兰花,爱之如命,谁都不许摘一朵。一天,金代禅师有事外出,就交代弟子们一定要好好照顾兰花。但有一天,小徒弟在浇水时,不小心把兰花架绊倒了,顿时,许多名贵的兰花全部跌在地上,花盆支离破碎,花叶也都折断了。徒弟们闻声而来,看到这一幕都想:这回完了,师父回来,看到这番景象,不知道要多生气呢!小徒弟也吓得哭起来。

等金代禅师回来后,碰倒兰花架的小徒弟立刻跪在师父面前,哭诉了事情的原委,请求师父原谅、责罚。令大家都没有想到的是,金代禅师竟然一点都不生气,反而心平气和地安慰小徒弟,让他不要难过,不要太放在心上。

弟子们都感到十分奇怪,就一起去问师父,平时他们碰一下都不可以,可是现在花盆全部打烂了,他却没生气,也没有责备那个小徒弟,这是为什么呢?

金代禅师笑笑说:"我栽种兰花是为了用香花供佛,同时也能够让寺院变得更加美丽,让在这里修行的人感到温馨安宁,让来上香的人们感到快乐。如果因为损失了这些花我就大发脾气,责罚弟子,那不就失去了我当初栽花的本意了吗?"

曾经有人将憎恨的行为比喻为"将一条毒蛇拥抱在胸前"。恶意的感觉终将化脓溃烂,而且会让你生病。为了保持一个健康的心灵和体魄,为了不让过去的伤痛伤害到今天和未来的你,学着去原谅吧!

有一句话说:"不能生气的是傻瓜,而不去生气的人是智者。"如果放不下仇恨的石头,人就不会快乐,只会淹没在对过去的懊悔、痛苦和对未来的恐惧、忧虑与烦恼之中,人的心也永远没有喘息的机会。也许我们不能像圣人般去爱我们的仇人,可是为了我们自己的健康和快乐,我们至少要原谅他们,忘记他们。

芹子这些年来一直生活在愤怒、仇恨、痛苦、沮丧之中。芹子和男友相恋多年,情投意合,每当谈起男友总是眉飞色舞,满足之情溢于言表。就在即将步入结婚殿堂的当口,芹子的同学以第三者的身份出现了,这个变故给芹子带来了致命的打击。男友与同学结婚的那天,芹子被彻底击垮,她在床上一病就是大半年,后经多方医治才勉强过上正常人的生活。

此后,不管芹子处在何种欢乐、喜庆的氛围中,即便正开怀大笑,只要同学一出现,芹子就会浑身颤抖,脸色苍白,脸上写满了愤怒的表情,钢刀般的眼神似乎要把同学大卸八块方解心头之恨。同学离开后,芹子变得异常沮丧,眼神一片茫然。"我该怎么办啊?"

"你应该尝试忘掉过去,更应该学会原谅别人。"朋友说,"都说时间是医治伤痛的最好良药,可是时间并没有医治好你的伤痛,那是因为你的心里装满了愤怒和仇恨。这种东西在你的心里生根发芽,并且枝繁叶茂,占满了你心中的每个角落,你的心里当然就装不下别的。如果你原谅了她,你的心里就没有了这种东西,取而代之的是快乐相伴，那时的你才会感到生活充满阳光，盛开的鲜花竟是如此灿烂，你还会感到沮丧吗？原谅别人就是快乐自己，为什么不呢？"

仇恨他人，是件非常痛苦的事，也是对自己最大的惩罚。那么我们又何必惩罚自己呢？无论多大的怨恨都对事情的解决无济于事，而且还不断地伤害着自己脆弱的神经。

为了使自己能够快乐地活着，我们必须学会原谅。不管做起来多么艰难，也要学会放宽心胸！心理的阴影虽无形，也无致命的严重伤害，但每当想起，或偶尔交错，却总会让人有一种隐隐的痛。其实解铃还需系铃人，原谅别人等于解脱自己，放下心灵的包袱，让我们轻装上路，因为我们的人生还有很长的路要走。

为了保持一个健康的心灵和体魄，为了不让过去的伤痛伤害到今天和未来的你，学着去原谅吧！

别太计较，得饶人处且饶人

雨果曾说："比陆地宽广的是海洋，比海洋宽广的是天空，比天空宽广的是人的胸怀。"如果我们心里能容得下山，容得下海，容得下天和地，那么我们怎么还就容不下小小的人？怎么还就容不下短短人生中的琐琐碎碎？如果我们的心里真能容得下山，容得下海，容得下天地，那么，我们眼前哪还有走不通的路，哪还有过不去的坎儿，哪还有什么"量小非君子，无毒不丈夫"的流传？

生活中我们会不时地冒犯别人，也会不时地被别人冒犯，但一个有涵养、与人为善的人，自然会得饶人处且饶人，产生矛盾时彼此都会心平气和，坦诚交换意见，通过道歉和接受道歉，互相谅解，化解矛盾。但若是一个心胸狭窄的人，也许就会得理不饶人，陷入无休止的争吵之中。其实也就是说一句"对不起"的问题。这个道理并不深刻，然而有些人许多时候却不明白，不愿意接受道歉，而导致恶语相加，大伤感情。

善于接受他人的道歉，既是尊重他人，也是尊重自己。尊重他人，就是不要把他人都想得那么坏，认为谁冒犯自己就是存心跟自己过不去；尊重自己，就是要让自己成为一个通情达理、有宽容心、懂得接受别人尊重的人。能接受道歉，正是我们有气量、有修养的表现。

张姓和李姓，两家人都属于那种非常在意个人得失的人，谁都不愿意吃亏。可偏偏就很凑巧，两家的田地是连在一起的，所以常常发生口角，不是你占了我的田，就是我占了你的田，村子里的人都被他们弄得烦透了，所以一开始还有人去劝架，到后来大家都装作没听见，没有人管了。

一天，张家去插水稻，发现李家又把他们的田给占了，其实也就那么一点儿而已，但张家就特别生气，一边破口大骂，一边用铁锹往回铲自己的田。李家的水稻是已经插上的，他们看见别人在自己的田上动手动脚，还损坏了一些禾苗，更是气不打一处来，拿起农具就往这边跑。

到了这边，一个叫停，一个继续干活。僵持了一会儿之后，李家的媳妇拿起农具就朝张家的儿子头上砸去，顿时鲜血四溅；张家的媳妇看到自己的丈夫受了伤，也抡起锄头砸向李家的媳妇。就这样，一个重伤，一个当场死亡。

在承受失去亲人的痛苦的同时，还要承担相应的法律责任，真是得不偿失啊！其实那么一点的田地能生产多少水稻呢？就算让给他又怎么了？可这两家人都是太自私了，太斤斤计较了，以至于赔了夫人又折兵，付出了惨重的代价。

宰相肚里能撑船，说的就是人要有宽容之心，能原谅别人的过错。宽容和原谅别人的过错是维持人与人之间良好关系的基石。交友广泛、容易成功的人定是一个能宽容别人、心胸宽广的人。宽容是一种财富，它会在时间的推移中升值；宽容是一种坦荡，可以无惧无畏、无拘无束、无尘无染，宽容是通向快乐的大门。我们每一个人，都应该以宽和之心面对世界，不要斤斤计较，得饶人处且饶人，给自己的生活留一份平静和美好。

我们每一个人，都应该以宽和之心面对世界，不要斤斤计较，得饶人处且饶人，给自己的生活留一份平静和美好。

摆脱郁郁寡欢，需要一颗豁达之心

三伏天，禅院的草地枯黄了一大片。

"快撒点草种子吧！好难看哪！"小和尚说。

"等天凉了。"师父挥挥手："随时！"

中秋，师父买了一包草籽，叫小和尚去播种。

秋风起，草籽边撒、边飘。"不好了！好多种子都被吹飞了。"小和尚喊。"没关系，吹走的多半是空的，撒下去也发不了芽。"师父说："随性！"撒完种子，跟着就飞来几只小鸟啄食。"要命了！种子都被鸟吃了！"小和尚急得跳脚。

"没关系！种子多，吃不完！"师父说："随遇！"

半夜一阵骤雨，小和尚早晨冲进禅房："师父！这下真完了！好多草籽被雨冲走了！"

"冲到哪儿,就在哪儿发!"师父说:"随缘!"

一个星期过去了。原本光秃的地面,居然长出许多青翠的草苗。一些原来没播种的角落,也泛出了绿意。

小和尚高兴得直拍手。师父点头:"随喜!"

随不是跟随,是顺其自然,不怨怼、不躁进、不过度、不强求。随不是随便,是把握机缘,不悲观、不刻板、不慌乱、不忘形。

不要幻想生活总是那么圆圆满满,也不要幻想在生活的四季中享受所有的春天,每个人的一生都注定要跋涉沟沟坎坎,品尝苦涩与无奈,经历挫折与失意。

在漫漫旅途中,失意并不可怕,受挫也无需忧伤。只要心中的信念没有萎缩,只要自己的季节没有严冬,任它风凄厉冷,任它大雪纷飞。艰难险阻是人生对你另一种形式的馈赠,坑坑洼洼也是对你意志的磨砺和考验。落英在晚春凋零,来年又灿烂一片;黄叶在秋风中飘落,春天又焕发出勃勃生机。这何尝不是一种达观,一种洒脱,一份人生的成熟,一份人情的练达。

这种洒脱人生,不是玩世不恭,更不是自暴自弃,洒脱是一种思想上的轻装,洒脱是一种目光的朝前,洒脱是一种无惧的从容。有洒脱才不会终日郁郁寡欢,有洒脱才不觉得人生活得太累。

懂得了这一点,我们才不至于对生活求全责备,才不会在受挫之后彷徨失意。懂得了这一点,我们才能挺起刚劲的脊梁,披着温柔的阳光,找到充满希望的起点。

一个人的性格,往往在大胆中蕴涵了鲁莽,在谨慎中伴随着犹豫,在聪明中体现了狡猾,在固执中折映出坚强,羞怯会成为一种美好的温柔,暴躁会表现一种力量与激情,但无论如何,豁达,对于任何人,都会赋予他们一种完美的色彩。

一般认为,豁达是一种人生的态度,但从更深的层次看,豁达却是一种待人处事的思维方式,是一种淡定的生活态度。

豁达的人善于承认事实：有一个人，他的性情并不很开朗奔放，但他对待事情几乎从不见有焦躁紧张的时候。这并不是他好运亨通。细细观察体会，会发现他有一些与众不同的反应方式：比如，他被小偷扒走了钱包，发现后叹息一声，转身便会问起刚才丢失的身份证、工作证、月票的补办手续。一次，他去参加电视台的知识大赛，闯过预赛、初赛，进入复赛，正兴高采烈，不料，却收到了复赛被淘汰的通知书。他发了几句牢骚。中午却兴致勃勃地又拜师学起桥牌来。这些，反映出他的一种很本能很根本的思维方式，那就是承认事实。事实一旦来临，不管它多么有悖于心愿，但这毕竟是事实。大部分人的心理会在此时产生波动抗拒，但豁达者，他的兴奋点会迅速地绕过这种无益的心理冲突区域，马上转到下边该做什么的思路上去了。事后，他的确会发现，发生的不可再改变，不如做些弥补的事情后立刻转向，而不让这些事在情绪的波纹中扩大它的阴影。这堪称是一种最大的心理力量。

豁达的人善于趋利避害：豁达的人，每每是乐观的人。而所谓乐观，按照某位哲人的说法，就是乐观的人与悲观的人相比，仅仅是因为后者选择了悲观。豁达的人在遇到困境时，除了会本能地承认事实，摆脱自我纠结之外，他还有一种趋利避害的思维习惯。这种趋利避害，不是为了功利，而是为了保持情绪与心境的明亮与稳定。这也恰似哲人所言："所谓幸福的人，是只记得自己一生中满足之处的人；而所谓不幸的人，是只记得与此相反内容的人。"每个人的满足与不满足，并没有太多的区别差异，幸福与不幸福相差的程度，却会相当大。

豁达的人善于自嘲自解：观察分析一个心胸豁达的人，你往往会发现，他的思维习惯中有一种自嘲的倾向。这种倾向，有时会显于外表，表现为以幽默的方式摆脱困境。自嘲是一种重要的思维方式。每个人都有许多无法避免的缺陷，这是一种必然。不够豁达的人，往往拒绝承认这种必然。为了满足这种心理，他们总是紧张地抵御着任何会使这些缺陷暴露出来的外来冲击。久之，心理便成为脆弱的了。一个拥有自嘲能力的人，却可以免于此患。他能主动察觉自己的弱点，他没有必要去尽力掩饰。从根本上来说，一个尴尬的局面之所以形成，只是因为它使你感到尴尬。要摆脱尴尬，从容走出困境，正面的回避需要极大的努力，但自嘲却为豁达者提供了一条逃遁出去的轻而易举的途径——那些包围我的，本来就不是我的敌人。于是，尴尬或困境，就在概念上被取消了。

豁达的人具有游戏精神：豁达也有程度的区别，有些人对容忍范围之内的事，会很豁达，但一旦超出某种极限，他就会突然改变，表现出完全相异的两种反应方式。最豁达的人，则具有一种游戏精神，将容忍限度扩大。有这样一个故事：一个身经百战、出生入死、从未有畏惧之心的老将军，解甲归田后，以收藏古董为乐。一天，他在把玩最心爱的一件古瓶时，古瓶不小心差点脱手，吓出一身冷汗后，他突然若有所悟："为什么当年我出生入死，从无畏惧，现在怎么会吓出一身冷汗？"片刻后，他悟通了——因为我迷恋它，才会有忧患得失之心，破了这种迷恋，就没有东西能伤害我了，遂将古瓶掷碎于地。豁达者的游戏精神，即是如此。既然他把一切视为一种游戏，尽管他同样会满怀热情，尽心尽力地去投入，但他真正欣赏的，只是做这件事的过程，而不是目的——游戏的乐趣在于过程之中。那么，他也就解脱了得失之心的困扰。

豁达的人有如此多的好处，能以豁达的心面对人生诸事，无论前路有多艰难，也会淡定前行。

一个人的性格，往往在大胆中蕴涵了鲁莽，在谨慎中伴随着犹豫，在聪明中体现了狡猾，在固执中折映出坚强，暴躁会表现一种力量与激情，但无论如何，豁达，对于任何人，都会赋予他们一种完美的色彩。

必要时要委屈求全

不经历风雨，怎能见彩虹。要想在风雨中保持淡定，没有韧性是绝无可能的。而韧性不只是简单的坚持，它需要一种能屈能伸的柔韧在里面。可以打一个比喻，动物界的刺猬可以说是能伸能屈的典型了。你看它身处顺境时拱着小脑袋，凭借着满身的硬刺，横冲直撞；当它身处险境时，则缩回脑袋，把自己滚成一个刺球，让敌人无隙可击。能伸能屈，与其说是生物界的一种智慧，倒不如说是一种生存本能。伸是进取的方式，屈是保全自己的手段。人生在世，都是在反复伸屈的状态中走过来的。

在生活事业处于困难、低潮或逆境、失败时，若去运用"屈"的智慧，往往会收到意想不到的效果。反之，该屈时不屈，却一味去伸，必然遭到沉重打击，甚至连性命都保不住，那样，还有什么资格谈人生、谈事业、谈未来、谈理想呢？

春秋时，越王勾践夫妇曾被抓做人质，去给夫差当奴役，从一国之君到为人仆役，这是多么大的羞辱啊。但勾践忍了，屈了。是甘心为奴吗？当然不是，他是在伺机复国报仇，而最终他也做到了。

韩信，忍胯下之辱，别人都嘲笑他的怯懦，然而几年后他却有了辉煌的成就，倘若当年他不能忍一时之屈，也就不会有日后统领十万大军的开国元勋了。

可见，能屈能伸是生存发展的大智慧，而绝不是懦弱无能的逃生之法。

谈到屈的问题时，还要牵扯到我们传统的"面子"问题。

中国人"面子"观念由来已久。从孔子开始就很讲面子。有些人甚至为了面子，可以舍弃自己一生的幸福。

人的一生就如一条大河，不可能一直向前，直通大海，必然要根据地势、地貌，弯弯曲曲，七拐八扭。一般来说，当人处于逆境的时候，或者说，在倒霉的时候就应该委曲求全，收起锋芒，然后等待时机，再创辉煌。这便是以屈求伸之道。

俄国十月革命时，苏维埃刚刚夺取政权，德国就有向东侵略的倾向。很多人主张组织军队与德国宣战，而列宁却不同意这样做，专门派人去德国进行和谈，签订了对苏维埃不利的条约。

这是一种妥协，这种行动并不表明列宁和布尔什维克革命立场不坚定，而是在强大的敌人面前，不得不这样做。否则，新生的革命政权就会很快被推翻。

一个国家是如此，一个人也是如此。在形势不利于自己发展的时候，必须要采取以屈求全的策略，耐心等待时机，千万不要急躁。

古人说："小不忍，则乱大谋。"每个人应该都有自己的人生目标和理想，为了达到这些目标和理想，甘受寂寞、甘受白眼，甚至甘愿被社会、被亲人误解，都应该在所不惜。

中国古代文化的经典著作《易经》提出"潜龙勿用"的思想。即在一定条件下，寻找时机，卷土重来。

在《易经·系辞下》中，则以尺蠖爬行与龙蛇冬眠作比喻，进一步解释什么叫"潜龙勿用"，他说："尺蠖之屈，以求伸也；龙蛇之蛰，以存身也。"宋朝的朱熹则进一步发挥这一思想，认为"屈伸消长"是"万古不易之理"。他提出，在时机未到之际，要"退自循养，与时皆晦"，要学会"遵养时晦"，即隐居待时。

明代冯梦龙在其著作《智囊》中，认为人与动物一样，当其形势不利时，应当暂时退却，以屈为伸，否则，必将倾覆以至灭亡。他说：

智是术的源泉；术是智的转化。如果一个人不智而言术，那他就会像傀儡一样，百变无常，只知道嬉笑，却无益于事，终究不能成就事业。反过来，如果一个人无术而言智，那他就像御人舟子，自我吹嘘运楫如风，无论什么港湾险道，他都能通行，但实际上真的遇有危滩骇浪，他便束手无策，呼天求地，如此行舟，不翻船丧命才怪呢！蠖会缩身体，鸷会伏在地上，都是术的表现。动物都有这样的智慧，以此来保全自身，难道我们人类还不如动物吗？当然不是。人更应该学会保护自己，以期发展自己。

古时候，"李耳化胡，禹入裸国而解衣，孔尼猎较，散宜生行贿，仲雍断发文身，裸以为饰"不知其中道理的人说："圣贤之智，也有其用尽的时候。"知其缘由的人却说："圣贤之术，从来也没贫乏的时候。"

温和但不顺从，叫做委蛇；隐藏而不显露，叫做缪数；心有诡计但不冒失，叫做权奇。不会温和，干事总会遇到阻碍，不可能顺当；不会隐藏，便会将自己暴露无遗，四面受敌，什么事也干不成；不会用诡计，就难免碰上厄运。所以说，术，使人神灵；智，则使人理智克制。

纵观历史，该有多少像勾践一样的人物，为成就自己的事业，实现自己的理想，在必要的时候，使用了屈伸之术，从而保存自己，待时机一到，便东山再起。历史同时也说明，善于使用屈伸之术，该屈则屈，该伸则伸，较好地掌握其分寸，是许多历史人物成功的重要途径。

不要与别人争一日之短长，也是"屈"的技巧。

在机关工作的申某，论学历是大学本科；论才华，在机关数一数二；论年龄，正当年富力强，但是，每一次提升都没有他的份，而那些比他能力差，比他水平低，比他进机关晚的人，却一个一个成了他的上司和领导。原因何在呢？

其原因就在于：申某只知道显露才华，认为自己这也比别人强，那也比别人好，处处表现出一种强势的态度，从而使一些人产生反感，认为他尽管有能力，也有才干，但是不谦虚，太骄傲，目中无人。每次考察干部，大家都是这个意见。

而那些善于委屈顺从的人，善于处理人际关系的人，却得到了大家广泛的好评。可见，能屈能伸是一种战术，是淡定处世的一种智慧，只要掌握技巧与分寸，便会无往而不胜。

人的一生就如一条大河，不可能一直向前，直通大海，必然要根据地势、地貌，弯弯曲曲，七拐八扭。一般来说，当人处于逆境的时候，或者说，在倒霉的时候就应该委曲求全，收起锋芒，然后等待时机，再创辉煌。这便是以屈求伸之道。

低头是处世的柔软和权变

中国有句俗话："人在屋檐下，不得不低头。"老祖先的话道出了世间人情，颇具智慧。战国时期的越王勾践就是这一智慧的最佳践行者。

春秋后期，诸侯争霸的重点转移到了长江流域下游和浙江流域。吴王阖闾打败楚国，成了南方霸主。吴国跟附近的越国素来不和。公元前496年，越国国王勾践即位。吴王趁越国刚刚遭到丧事，就发兵打越国。吴越两国在檇李地方，发生一场大战。

吴王阖闾满以为可以打赢，没想到打了个败仗，自己又中箭受了重伤，再加上上了年纪，回到吴国，就咽了气。

吴王阖闾死后，儿子夫差即位。阖闾临死时对夫差说："不要忘记报越国的仇。"

夫差记住这个嘱咐，叫人经常提醒他。他经过宫门，手下的人就扯开了嗓子喊："夫差！你忘了越王杀你父亲的仇吗？"

夫差流着眼泪说："不，不敢忘。"

他叫伍子胥和另一个大臣伯嚭操练兵马，准备攻打越国。

过了两年，吴王夫差亲自率领大军去打越国。越国有两个很能干的大夫，一个叫文种，一个叫范蠡。范蠡对勾践说："吴国练兵快三年了。这回决心报仇，来势凶猛。咱们不如守住城，不要跟他们作战。"

勾践不同意，也发大军去跟吴国人拼个死活。两国的军队在太湖一带打上了。越军果然大败。

越国主力损失殆尽，最后收拾残兵退保会稽，也被吴军团团围住。勾践喟然长叹："吾将终于此乎？"大夫文种马上加以劝解："过去，商汤因于夏台，文王系于里，晋公子重耳奔狄，齐公子小白奔莒，最终都成就了霸业，由这些事情看来，现在的困境又何尝不是福呢？"于是勾践采纳了文种的建议，挑选美女八名，并携带金银珠宝，通过吴国太宰伯嚭，达成和议。

当时吴国有主战和主和两派，相国伍子胥力倡乘胜追击，一举捣灭越国。大宰伯嚭则认为与其玉石俱焚，不如以条约来取得越国的利益。争论的结果，吴王采取了伯嚭的建议，签订了条件苛刻的条约，从而也使得越国获得了一线生机。

按照和约的规定，勾践在处理完一切善后事宜后，便得入臣吴国。日期一天天迫近，勾践忧形于色，大夫范蠡劝道："臣闻没有经过孤独生活的人，志向不远大，没有经过大悲大痛的人，考虑问题总不周全。古代圣贤，都曾遇困厄之境，怎么会独独只有您呢？"勾践叹道："主要是为了去越入吴的人事安排，一下子还难作妥当的决定！"这时大夫文种上前说道："四境之内，百姓之事，范蠡不如我；与君周旋，临机应变,我不如范蠡。"范蠡立即附和:"主公以国事委托给文种,可使耕战足备;至于辅危主,忍垢辱,臣不敢辞。"

一切准备妥当,勾践便与夫人及范蠡启程入吴,群臣在固陵江畔摆酒饯别,君臣相对凄然泪下,黯然挥手而别,很有些"风萧萧兮易水寒,壮士一去兮不复还"的气氛。

既入吴国,勾践等人行大礼谒见夫差,夫差盛气凌人地说:"寡人假如念先王的仇,你今天断无生理!"勾践赶紧叩首回答:"惟大王怜之!"

勾践夫妇穿着仆人的衣服,守过阖闾的墓,还当过马夫与门卫,夫差每次乘车外出,勾践总是牵着马步行在车前,范蠡也始终朝夕相随,寸步不离。

一天,夫差召勾践入见,勾践跪伏在前,范蠡肃立在后。夫差对范蠡说:"今勾践无道,你能弃越归吴。必当重用。"范蠡答道:"臣闻亡国之臣,不敢语政。臣在越不能辅佐越王为善,致得罪大王,幸不加诛,已经感到很满足了,怎么还敢奢望富贵呢?"第二天,吴王夫差在高台上眺望,看到勾践和夫人端坐在马厩旁,范蠡垂手立在身后,虽然蓬首垢面操持贱役,而不失君臣夫妇之礼,心中十分感动,也大起怜惜之念。

虽然夫差大起怜惜之念,然而仍不曾有恢复勾践自由的迹象。机会是人找的,识时务者为俊杰。夫差病倒了,而且病得很重,感染寒疾3个月未愈。这时勾践前来求见,毛遂自荐道:"臣在东海,曾习医理,观人粪便,可知病情。"说完取过夫差的粪便就尝。喜道:"大王的病已大为减轻,七天后就会好转!"到期果然痊愈。吴王夫差大为不忍,于是摆下酒宴招待勾践,不断称赞勾践是仁者。伍子胥在旁看了大不以为然,警告夫差:"勾践下尝大王之粪,他日一定上食大王之心,大王如果不觉察警惕。一定会被他打败的。"夫差哪里听得进去,认为勾践已经没有敌意,不久就将勾践亲自送出城,赦他回国。

勾践回国以后，以文种治理国政，以范蠡整顿军旅，为了牢记战败的耻辱，将国都迁到会稽，筑城立廓，作为复兴堡垒。一面奖励农桑，厚植经济基础；一面整军经武，加强雪耻复仇力量。

没有一时一刻忘却在吴国所受的耻辱，为了报仇雪恨，勾践苦身劳役，夜以继日，如果想睡了就用一种小草扎自己的眼睛，如果觉得脚冷就把水泼在上面。冬常抱冰，夏还握火，平日食不加肉，衣不重彩。除了自己亲自耕作外，夫人也自织。

勾践常常在半夜偷偷哭泣，哭完后就仰天长啸，著名的"卧薪尝胆"的故事就出在他的身上。此外，勾践还遇贤人，奖励生育。吸取教训，如火如荼的复国行动在全国各地蓬蓬勃勃地进行。

越国的雪耻计划在7年后已经卓有成效，但是表面上仍然低声下气地讨好吴国，除了春秋两季照例进贡以外，大批的建材源源不断地从越地运往姑苏，协助吴国建造华丽的宫殿，并呈献美女珠宝，使吴王夫差在声色犬马中自溺其志。

当吴王夫差在黄池与晋定公争做盟主时，越王勾践分兵两路攻吴。3年中几经恶战，吴国被击败，夫差自杀，吴国灭亡了。勾践率军"北渡江淮，与齐、晋诸侯会于徐州"。周元王封勾践为伯。"越兵横行于江淮东，诸侯毕贺，号称霸王"，越王勾践终于成为春秋时期的最后一任霸主。

越王勾践低身侍吴，忍辱负重，报仇复国的故事可谓尽人皆知。勾践之所以能够取得成功，事实上也是得益于老祖先的生存哲学——"人在屋檐下，不得不低头。"

但在现代人际交往中，我们有必要对此话更好地领会与运用。

"不得不"充满了一种无奈、勉强、不情愿，这种"低头"太痛苦了，因此我们有必要将此话改为"人在屋檐下，一定要低头"！

当然，我们这里并不是在玩文字游戏，而是有其中的一些道理。

所谓的"屋檐"，并非实指，说得明白些，就是指别人的势力范围。换句话说，只要你身处这种势力范围之中，并且得靠这种势力生存，那么你就在别人的屋檐之下了。这屋檐有的很高，任何人都可抬头挺立，但现实中的这种屋檐不多！大部分人的屋檐都是低的！也就是说，进入别人的势力范围时，你会受到很多有意无意地排斥和压制，以及不知从何而来的欺压。难免不会出现这种情形，除非你能顶天立地，拥有自己的一片天空，或者是个强人，不用靠别人来过日子。可是谁能保证一辈子都可以如此自由自在，不用在人屋檐下避风躲雨呢？所以，当你在别人屋檐之下时，就有必要对自己的心态作一下调整了。

总而言之，"一定要低头"的目的是为了让自己与现实环境保持一种主动、和谐的关系，将二者的摩擦和冲突降至最低点，也是为了保存自己的能量，以便走更长远的路，更是为了把不利的环境转化成对你有利的力量，这是处世的一种柔软，更是一种淡定的表现。

"一定要低头"的目的是为了让自己与现实环境保持一种主动、和谐的关系。将二者的摩擦和冲突降至最低点，也是为了保存自己的能量，以便走更长远的路，更是为了把不利的环境转化成对你有利的力量，这是处世的一种柔软，一种权变。更是一种淡定的表现。

凡事不必太较真

有的人凡事都喜欢较真儿，有什么事总要打破沙锅问到底，搞得清清楚楚、明明白白、真真切切，非要分出个一二三来。其实，比起玩世不恭、游戏人生来，态度认真是好的，但是凡事过于较真儿、做事太死板、斤斤计较，就会走进"死胡同"，给我们带来额外的烦恼和精神上的负担。

凡事太较真儿，斤斤计较别人的一言一行，眼里只看到别人的缺点而看不到优点，对朋友的某次疏忽耿耿于怀，与人论短争长，总想报复一下得罪过自己的人，或者有负于自己的对手，势必引起人与人之间不必要的纷扰、争斗、纠葛、矛盾、麻烦、倾轧、排挤、是非，让自己活得很不自然，很不舒服，以至于长叹：做人真累！

凡事太较真儿，如同隔着放大镜照镜子，本来镜子很平，但你看到的却是坑坑洼洼，凡事太较真儿，如同把本来很卫生的食物放到显微镜下检查一番，看到的却是无关大碍的细菌，结果吃什么都不放心了。

凡事太较真儿的人，人生观往往是非黑即白，不对即错，并认为自己有原则性。这种人很难拥有一种更为综合的灰色区域。其实世界上很少事物是绝对的黑和白、绝对的对和错。大部分情况是处于这二者之间，即灰色领域内。

一家人生活在一起，避免不了会有磕磕碰碰，产生一点矛盾，如果一方或双方都是一个爱较真儿的人，非要弄个是非分明，争个你上我下，你表现出一分敌意，他有可能还以二分，然后你则递增为三分，他又还回来六分，那这日子就很难安定了。

当然，不较真儿也不是一味地姑息迁就，丧失原则。而是要巧妙转换，注意方法，讲究策略，把敌意换成善意，你会有很大的收获。

古时候，有一个家境殷实的大户人家，银子堆满屋，有享受不尽的荣华富贵。唯一的不足之处是没有家人的和睦。婆婆精明能干，办事认真，态度强硬，媳妇也不是好惹的，脾气刁蛮，而且懒惰成性，两代人相处总是争吵不断、互相怨恨。作为儿子夹在中间，两头不好受。

年轻媳妇由于怨气难消，茶饭不思，卧床不起。丈夫找来大夫，但经检查，一点毛病都没有，只是脸色难看，似有许多怨气。经过一番询问，得知身体不适是由家庭矛盾引起的，于是，大夫把其他人支开，故意压低声音对她说："摊上这样一个不讲理的婆婆，我很同情你，为了帮你解解气，我送给你些药物，当成调养身体的补品天天给婆婆吃。这是慢性毒药，但保证用不了一年半载的，婆婆就会中毒身亡，而且旁人看不出任何破绽，相信是老太太自己得病死的。不过在实施期间，要像侍候婆婆喝补品一样，必须逆来顺受，一天不要落下。当她吃完药，想吃好吃的时，就给她做些她爱吃的饭菜。"

媳妇思量了一会儿，认为为了以后不再受气，暂时放低自己，这也值了。

于是，媳妇按照大夫嘱咐的，每天给婆婆熬补品，恭恭敬敬地端到婆婆面前。面对儿媳妇180度的大转弯，起初婆婆也怀有戒心，但后来一个星期，两个星期，一个月，儿媳妇都记着按时按点给她吃补品，婆婆不想吃时，儿媳妇还耐心地跟她讲不按时服用对身体的不利影响。婆婆有一点吃得不对付了，儿媳妇都会像对待亲妈一样嘘寒问暖。这让当婆婆的很感动，也就前嫌尽释，爱如己出，矛盾自然而然地消失了，而且谁也离不开谁。

时间一天天地过去了，媳妇不知不觉地坚持了将近半年的时候，突然想起当初大夫告诉她的这是慢性毒药，开始害怕起来，担心哪一天婆婆真的会毒性发作，离她而去，于是，连忙向大夫求救。大夫告诉她说，给婆婆服用的并不是毒药，只是调节胃口疏散气血的补品而已。

俗话说：清官难断家务事。说明有好多家务之事是很难说出谁对谁错的，一般来讲，如果彼此心里都装一点糊涂，互谅互让，懂得"转弯"，家人才会和和睦睦，一年开开心心，一世平平安安，天天精神百倍，月月喜气洋洋，年年财源广进，日日笑口常开。

凡事不必太较真儿，对周围的环境、人事，假如有你看不惯的地方，不必棱角太露，过于显示自己的与众不同。喜怒不形于色，是保护自己的一种方式。凡事不必太较真儿，不要求全责备，该装糊涂就装糊涂，才是明智的处世哲学。

凡事不必太较真儿，对周围的环境、人事，假如有你看不惯的地方，不必棱角太露，过于显示自己的与众不同。喜怒不形于色，是保护自己的一种方式。凡事不必太较真儿，不要求全责备，该装糊涂就装糊涂，才是潇洒的处世哲学。

第四章
放下包袱，拿起前进

面对生活的各种包袱，请毫不犹豫地将它卸载，就像卸载电脑中没用的软件一样，让自己淡定从容一生。不要太执著，要学会放手；但是该拿起的，就要勇敢承担，前进。

卸下心中的包袱

《武林外传》里的佟湘玉这样责备自己:"我从一开始就不应该嫁过来,如果我不嫁过来我的夫君就不会死;如果我的夫君不死,我也不会沦落到这一个伤心地方……"佟湘玉将"嫁过来"、"夫君的死"、"沦落"当做一件件包袱背在了身上,其实这一点儿意义都没有,反倒让自己活得更累。事已至此,唯有放下这些包袱,将它们忘记,才是最实际的做法。

喧嚣繁杂的车站,旅客上上下下、人来人往,这车站,这旅客,就好比是我们必经的人生路。这些旅客,有的风风火火,急匆匆一闪而过;有的不紧不慢,悠闲自在;有的笑容满面,高谈阔论;有的愁眉不展,默默无言;有的携手前行,互相打闹;有的默默无语,孤立独行……他们神采各异,行色不同,却都有一个共同的目的:从上一程赶往这一程,再从这一程走向下一程,络绎不绝,日复一日,偶有停歇,却永不停止。

他们身上都有一个重要的道具,那就是手中的包袱。有的挎一个双肩包;有的大包、小包提得迈不开步;有的只带着笑容空手而行。设想一下,人的一生不也正是如此吗?不停地追赶着一程又一程,而赶每一程不也都多少带着包袱在前行吗?

在不谙世事的童年,包袱是闯祸时父母的责怪,是贪玩时外婆的巴掌,是淘气时祖母的唠叨。也许在大人眼里,这都是正常的,而对于自己却很沉重。想玩又害怕受责备,想反抗又担心挨打……

上学之后,包袱就更重了。学习成绩要好,老师的话要唯命是从,作业要规整。劳动要积极,行为要像知书达理的人,不能和长辈顶嘴,该勤快时就要勤快,要胜不骄败不馁,早恋要被学校开除。

青春年少时,有了懵懂的爱,可是又担心受伤害,于是背上了恐惧的包袱;有了理想,有了梦想,可是又担心失败,于是背上了踌躇不决的包袱;有了单纯的爱心,有了悲悯的善心,可是又担心被误解,于是背上了不知所措的包袱……

结婚之后,有了家庭,于是就像机器一样飞速旋转,因为有了责任与爱,只能背着包袱不断地向前冲,哪怕最后饥渴难耐,哪怕不堪重负,都不能有一刻的停止。各种各样的包袱,把我们从童年一直压到成年,还要继续经历中年、老年……

人生就是一场旅行,我们一路走来。一程一程向前赶,每一程都会有不同的包袱加在肩头,直到我们不堪重负、无法喘息……是否可以选择另一种方式,卸下心中的包袱,就当是丢一件没用的行李一样将它丢掉,然后轻松地赶每一程路?

一位年轻人背着包裹赶路,路途遥远而又漫无目的。一天,年轻人来到江边,望着一望无际的滔滔江水长吁短叹!正在发愁之际,来了一位摇船老人。老者看他背着包裹很吃力就问:"年轻人为何长吁短叹,是不是想过江?"年轻人说:"老人家,我感觉太孤独、太痛苦、太寂寞了!长途跋涉使我疲倦到了极点;我的衣服布满破洞,我的双脚磨起血泡,我的鞋子露出脚趾,我的双腿皮开肉绽,我的双手受伤流血不止;我的皮肤溃烂发痒,我的嗓子因为干渴而沙哑……我为什么还不能实现心中的梦想?"

摇船老人问:"你的包裹里装的什么?"年轻人说:"包裹里装的东西对我来说真是太重要了。里面装的是我一次次跌倒时的痛苦,一次次受伤后的哭泣,一次次孤寂时的烦恼,一次次失败中的回忆……因为靠着它，我才能走到这儿来。"

于是，摇船老人让年轻人上了船，吃力地摇船把年轻人送过了江。上岸后，摇船老人说："请你扛了我的船赶路吧！"年轻人很惊讶，"什么，你让我扛了你的船赶路？船那么沉，我扛得动吗？"摇船老人微微一笑，说："是的，孩子，你是扛不动它，渡江时，船是有用的，但渡过了江，你就要把船放下继续赶路。否则，它就会变成你的包袱。痛苦、孤独、寂寞、灾难、眼泪、疲惫，这些对人生都是有用的，它能使生命得到升华，但你如果不能离开它，这就成了你人生的包袱，会让你不堪重负。把包袱放下吧！孩子，人生不能负担太重！"

年轻人放下包袱，两手空空地继续赶路。他顿时不觉得累了，他觉得自己的身体轻盈而矫健，心情轻松了很多，仿佛长了翅膀般跃跃欲飞，这样的旅程较之以前，实在是愉悦多了。

面对生活的各种包袱，请毫不犹豫地将它卸载，就像卸载电脑中没用的软件一样，让自己淡定从容一生。

拥有空杯心态，从零开始才能进步

所有的事情都是有因果的，外在的放手来自内心的割舍，而内心的割舍，恰恰又是最不容易做到的。

在古代，有一个佛学造诣很深的人，听说某个寺庙里有位德高望重的老禅师，便去拜访。老禅师的徒弟接待他时，他态度傲慢，心想：我是佛学造诣很深的人，你算老几？后来老禅师十分恭敬地接待了他，并为他沏茶。可在倒水时，明明杯子已经满了，老禅师还不停地倒。

他不解地问:"大师,为什么杯子已经满了,还要往里倒?"大师说:"是啊,既然已满了,干吗还倒呢?"

禅师说:"你就像这只杯子一样,里面装满了自己的看法和想法,如果你不把杯子空掉,叫我如何对你说禅呢?"这个故事告诉我们:若想学到更多学问,先要把自己想象成"一个空着的杯子",而不是骄傲自满。想接受新东西,只有将心倒空了,才会有外在的松手,才能拥有更大的成功。所有想求发展的人,都必须拥有这个重要的心态。

曾在一个杂志上看到一则故事:一个落魄的篮球明星来到一家洗车店里打工。

经理要求他在擦车时摘下冠军戒指,以免将车划伤,但遭到了他的拒绝。这个篮球明星说:"这枚戒指是我剩下的唯一荣耀,如果把它拿走,我就会崩溃。结果可想而知,他失去了这份工作,被洗车店解雇了。

这个篮球明星就是因为没有归零心态,所以才失去了工作。海尔集团首席执行官张瑞敏曾说:"我们主张产品零库存,同样主张成功零库存。"只有把成功忘掉,才能面对新的挑战。作为一个世界名牌,海尔年销售额数百亿元,张瑞敏从未有一丝飘飘然的感觉,相反,时时处处向员工灌输危机意识,要求大家面对成功始终保持一种如履薄冰的谨慎。

成功永远只能代表过去,一个人若是长久沉迷于以往成功的回忆,那他就再也不会进步。对于有远大志向的追求者来说,成功永远在下一次。保持"归零"心态,才能不断发展创造新的辉煌。足球史上的伟大球王贝利在接受记者采访时,被问及哪一个进球是最精彩、最漂亮的,他的回答永远是"下一个"!

从零开始,其实就是一种虚怀若谷的精神。有了这种精神,人才能够不断进步,企业才能不断发展。如果你一味沉浸于以往的成功、荣誉、辉煌、掌声或成绩,就难免会迷失自我。同样的道理,如果你太过于在意昔日的失败、无能、平庸或污点的话，也会导致裹足不前。尤其是在企业中，这种现象极为常见，一些在公司取得过很高成绩的员工，或是刚刚从其他企业较高职位转入新公司时，这些人的工作态度，都很难达到归零心态。还有很多企业员工，总是沉湎于过去的失败，面对工作中的挑战望而却步，以至于总是无法提高工作效率。

这种现象的存在，不管是对个人还是企业，都是很不利的。

皮特是一个刚参加工作不久的年轻人，他找到一位著名的企业家，希望向他请教有关成功的秘诀。企业家先是让皮特介绍一下自己，于是他长篇大论地讲述自己的良好品质以及所取得的成就。

这位企业家针对皮特的实际情况提出有关工作态度和职业方向的建议时，他却并不愿意接受，他觉得自己有一个更好的主意，因为自己其实已经取得了一些成绩，只不过这些成绩是在其他领域。皮特相信，自己的经验肯定也可以运用到这家企业。所以，不管企业家说什么，他总是有一个"更好的"的主意在那等着。

这时，企业家拿起一个装满白酒的玻璃杯，请皮特拿在手上，然后自己又从旁边提来一瓶酒，慢慢地往玻璃杯中倒。就这样一直倒着，直到溢出的酒沿着杯壁流到了地上。但企业家好像还没有停止的意思，直到皮特惊讶地喊出来："您别倒了，再倒就都浪费了！"

终于，企业家将酒瓶不紧不慢地收回，说道："你的话正是我想说的。这壶酒和我想教给你的东西是一样的——都是浪费。你已经像这个杯子一样装满东西了"。皮特问道："我现在的经验难道毫无价值吗？"企业家回答道："你的思维方式使你成为现在的样子，并且拥有了现在的东西。按照同样的方式思考下去，你不会达成自己所希望的目标。你走吧，等你放弃了这一切之后再回来。到那时候，我的东西才能够教给你"。

现实生活中，常怀归零心，才能够接受更新的思想。蛇类每年都要蜕皮才能成长，蟹只有脱去原有的外壳，才能换来更坚固的保障。

旧的思想如果不舍弃，新的思想就不会诞生。昨天的成功，不代表明日的辉煌，过去的失败，也不代表将来不能成功。

永远不要把过去当回事，永远要从现在开始，进行全面的超越！当"归零"成为一种常态，一种延续，一种时刻要做的事情时，也就完成了职业生涯的全面超越。"空杯心态"并不是一味地否定过去，而是要怀着放空过去的一种态度，去融入新的环境，对待新的工作，新的事物。

即刻放下便放下，欲觅了时无了时

"若著相于外，而作法求真，或广立道场，说有无之过患，如是之人，累劫不可见性。"《坛经》在这里点明了"若著相于外"的种种弊端，目的只有一个，那就是让人们懂得"放下"、懂得"放手"。佛语中讲的"放下屠刀，立地成佛"中的"放"意为"放弃"，而"屠刀"则泛指恶念。不论是"放弃"与"放下"，都是让人们将某些该放下的事情要敢于放下、勇于放下。

从古到今，芸芸众生都是忙碌不已，为衣食、为名利、为自己、为子孙……哪里有人肯静下心来思考一下：忙来忙去为什么？多少人是直到生命的终点才明白，自己的生命浪费太多在无用的方面，而如今却已没有时间和精力去体会生命的真谛了。唐代的寒山禅师针对这一现象作过一首《人生不满百》的诗——

人生不满百，常怀千岁忧。

自身病始可，又为子孙愁。

下视禾根土，上看桑树头。

秤锤落东海，到底始知休。

此诗可以这样解释："人生不满百，常怀千岁忧"，尽管人生非常短暂，但是人们却都抱着长远规划，全然忘记生命的脆弱；"自身病始可，又为子孙愁"，不仅应付自己的烦恼，还要为子孙后代的生活操劳；"下视禾根土，上看桑树头"，生命中劳劳碌碌都是为衣食生计奔波，哪里有时间停下来思考一下生命的意义；"秤锤落东海，到底始知休"，人生的轨迹就如同掉进水里的秤砣一样，直到生命的尽头才会停止。

寒山禅师以此诗提醒世人："即刻放下便放下，欲觅了时无了时。"能放下的事情不妨放下，若是等待完全清闲再来修行，恐怕是永远找不到这样的机会了。

从前有个国王，放弃了王位出家修道。他在山中盖了一座茅草棚，天天在里面打坐冥想。有一天他感到非常得意，哈哈大笑起来，感慨道："如今我真是快乐呀。"

旁边的修道人问他："你快乐吗？如今孤单地坐在山中修道，有什么快乐可言呢？"

国王说："从前我做国王的时候，整天处在忧患之中。担心邻国夺取我的王位，恐怕有人劫取我的财宝，担心群臣觊觎我的财富，还担心有人会谋反……现在我做了和尚，一无所有，也就没有算计我的人了，所以我的快乐不可言喻呀。"

人生往往如此：拥有的越多，烦恼也就越多。因为万事万物本来就随着因缘变化而变化，凡人却试图牢牢把握让它不变，于是烦恼无穷无尽。倒不如尽量放下，烦恼自然会渐渐减少。话虽如此，又有谁能放下呢？

许多人都有贪得无厌的毛病，正因为贪多，反而不容易得到。结果患得患失，徒增压力、痛苦、沮丧、不安，一无所获，真是越想越得不到。

有个孩子把手伸进瓶子里掏糖果。他想多拿一些，于是抓了一大把，结果手被瓶口卡住，怎么也拿不出来。他急得直哭。

佛陀对他说："看，你既不愿放下糖果，又不能把手拿出来，还是知足一点吧！少拿一些，这样拳头就小了，手就可以轻易地拿出来了。"

在生活中，要学会"得到"需要聪明的头脑，但要学会"放下"却需要勇气与智慧。普通的人只知道不断占有，却很少有人学会如何放下。于是占有金钱的为钱所累，得到感情的为情所累……佛家劝人们放下，不是要人们什么事情都不做，是说做过之后不要执著于事情的得失成败：钱是要赚的，但是赚了之后要用合适的途径把它花掉，而不是试图永远积攒；感情是应该付出的，不过不必强求付出的感情一定得到回报，更何况什么天长地久。如果我们学会了"放下"的智慧，那么不仅会利益周围的人，更是从根本上解脱了我们自己。

当佛陀在世的时候，有位婆罗门的贵族来看望他。婆罗门双手各拿一个花瓶，准备献给佛陀作礼物。

佛陀对婆罗门说："放下。"婆罗门就放下左手的花瓶。

佛陀又说："放下。"

于是婆罗门又放下右手的花瓶。然而，佛陀仍旧对他说："放下。"

婆罗门茫然不解："尊敬的佛陀，我已经两手空空，您还要我放下什么呢？"

佛陀说："你虽然放下了花瓶，但是你内心并没有彻底地放下执著。只有当你放下对自我感观思虑的执著、放下对外在享受的执著，你才能够从生死的轮回之中解脱出来。"

在我们寻常人的眼里，世间的万物往往被认为是实有的，加之我们以固有的观念去看待世间的万物，因而在我们主观的视角中便产生畸形的人生观，当做衡量世间一切事物的尺度，因而使我们深深地被是非、烦恼困扰住了。于是人生就平生起了许多的痛苦，而我们自身又无法摆脱这种痛苦的缠绕。显然，我们要摆脱世间各种烦恼的缠缚，单纯地依靠世间的智慧，无疑是不可能实现的，有时我们还需要一种勇气、一种敢于"放下"的勇气。比方说我们对某些事"求不得"时，就会想尽一切办法努力去争取实现其目的，而当这一目的被实现之后，新的欲求又将会接着产生，由是转而产生新的烦恼，如此则永无了期。此时此刻，如果我们心中能够产生一种"放下"的勇气，这个烦恼也就有了期限。

懂得"放下"，是一颗开心果、是一味解烦丹、是一道欢喜禅。只要我们能够适时地"放下"，何愁没有快乐的春莺在啼鸣，何愁没有快乐的泉溪在歌唱，何愁没有快乐的鲜花在绽放！

懂得"放下"，是一颗开心果、是一味解烦丹、是一道欢喜禅。只要我们能够适时地"放下"，何愁没有快乐的春莺在啼鸣，何愁没有快乐的泉溪在歌唱，何愁没有快乐的鲜花在绽放！

"舍"可医治"贪"之大病

佛家说："人生本来是苦的，苦的根源在于各种欲望。"很多时候，欲望过多、过强就成了贪病。钱多了还想再多，官做大还想更大，房子宽了还想更宽，出了名还想更出名……贪病犹如喝盐水，越喝越咸，越咸越要喝。当贪的欲望超越人的理性，凌驾生活的所有追求之时，就会成为阻断快乐的根源。

贪欲具有猛虎之野、之胆、之暴、之怪、之力。人，一旦被贪欲充斥于大脑,对于权欲、钱欲、财欲、物欲,甚至色欲,就会如猛虎一样张牙舞爪跃跃欲试,什么义理人情,什么道德公道,什么父子情深,什么友谊长存,一概都可不顾。这种贪欲,岂不是人生的大病?

古时候,有一对兄弟,家境十分贫寒,幼时失去了父母,俩人终日起早贪黑以打柴为生,日子过得异常艰辛,但兄弟俩以苦为乐,从来没抱怨过什么。

一天,忽然飞来一只凤凰落在院子里,并对他们说:"你们去太阳山吧,那里遍地是金银珠宝,你们可以拿一点回来。但是不能贪心,必须在太阳回来之前离开,否则,就会被烧死在上边。"

兄弟俩一听,很是兴奋,便按照凤凰告诉的朝太阳山出发了。一路上,他们曾遇到了毒蛇猛兽、狼虫虎豹,并且,天空中狂风大作、电闪雷鸣。但兄弟俩互相帮助,终于到达了太阳山。

只见这里漫山遍野都是黄金,金光灿灿的,照得人睁不开眼。哥哥按照凤凰嘱咐的,从山上捡了几块黄金,装在了口袋里,下山去了。回家后,他用捡到的那块金子作本钱,做起了生意,日子越来越红火。而弟弟捡了一块又一块,不一会儿整个袋子都装满了,还是不肯住手。凤凰一次次催促他:"该走啦,太阳就快回来了!"老二贪婪地说:"再捡两块。"

不一会儿,太阳真的出来了,弟弟一下慌了手脚,急忙背着黄金往回跑,无奈金子太重,根本就跑不快,最后被烧死在了太阳山上。

生活中的我们很多时候都会不知不觉地像上面故事中的弟弟一样被贪欲所控制,由于欲望得不到满足,而产生贪欲之渴与不满之火,焚烧到我们的身心,使内心不得安宁,以至于给自身造成很大的灾难。

佛陀曾经说:"贪多业亦多,取少业亦少,万般苦恼事,除贪一时了。"要想去除痛苦和烦恼,就必须戒贪。但去除贪病并不是轻而易举就能做到的。有句话叫"心病还须心药医",期求解脱之道的人,必须远离欲望之火,多用"舍"字。星云大师告诉我们:"假若懂得了舍,见到别人精神或物质上有苦难，总很欢喜地把自己的幸福、安乐、利益施舍给人，这样，贪的大病当然就不会生起了。"例如，把谋生得来的钱财，用以奉养父母，教育子女，家庭费用外，对于贫病孤苦者，能给予同情慈济，或捐助社会福利事业，即是慈心施舍。舍的多了，欲望少了，无论你身处什么样的境地，你的灵魂都会栖息在一个自由和谐的精神家园。

不管大小，不论多少，舍一文钱也好，舍亿万财也好，都要像燃烧的蜡烛一样，目的在于利益众生，不求别人回报，只要他人得到光明就够了。唯有这样才能真正把贪嗔痴、是非人我、自私狭隘、权力欲望等一切嗜好都戒除掉，从而拥有一份明朗的心境、坦荡的胸怀、惬意的生活和宁静的幸福。

会"舍"就是要学会给自己的人生做减法。如果能够主动停歇、做减法，减掉贪欲、执著、心灵负担，这个人就不再是普通人，他的智慧、功德、寿命就会增加。因为心里的空间越来越满，烦恼也越来越多；你放弃的越多，你得到的越多。当你放弃的那一刻，你的心的容量，就在无形之中变大了。这样，减少一次奢靡，就等于增加了一份灵魂的纯净与人生的宁静；减少一次应酬，就等于增加了一份家人的亲情与生活的从容；减少一次谄媚，就等于增加了一份人格的尊严与心灵的轻松。这就是减法中的人生智慧。人生减法使人更能清醒科学地悟透人生的内涵，合理安排人生的进退取舍，有所为、有所不为，使人生不至于走向极端，从而使人生更充满活力，更健康、更有意义。

佛陀曾经说："贪多业亦多，取少业亦少，万般苦恼事，除贪一时了。"要想去除痛苦和烦恼，就必须戒贪。

当鸟翼系上黄金时，就飞不远了

有时候，如果我们只抓住自己的东西不放，就很难接受别人的东西。尤其在现代社会，人变得越来越贪，有些人什么都不愿放弃，结果也就什么也得不到。

一天，有位大学教授特地向日本著名禅师南隐问禅。南隐对他以礼相待，却不说禅，他将茶水注入这位来客的杯子，杯子已经满了，但他还在继续注入。这位教授眼睁睁地望着茶水不停地溢出杯外，终于沉默不住了，大声说道："已经漫出来了，不能再倒了！"

"你就像这杯子，"南隐答道，"里面装满了你自己的看法，你不先把自己的杯子倒空，

让我如何对你说禅？"

对于高人来说，放弃不是失败，是智慧。

学会放弃，是放弃那种毫无意义的拼争和没有价值的索取，而不是丧失奋斗的动力和生命的活力；是放弃那种不切实际的幻想和难以实现的目标，而不是放弃奋斗的过程和努力毅力；是放弃那种对金钱地位的搏杀和奢侈生活的追求，而不是放弃对美好生活的向往和追求。

两个朋友一同去参观森林公园。森林公园非常大，但他们的时间有限，不可能将所有美景都参观到。

他们约定：不走回头路，每到一处路口，选择其中一个方向前进。第一个路口出现在眼前时，路标上写着一侧通往芍药园，另一侧通往百人亭。他们琢磨了一下，选择了百人亭，因为据说这里有不少漂亮

的碑文和故事。

又到一处路口，分别通向望天阁和鸽子林，他们选择了鸽子林，白鸽看起来很漂亮。

他们一边走，一边选择。每选择一次，就放弃一次，遗憾一次。但他们必须当机立断，因为时间不等人，他们失去的将更多。只有迅速作出选择，才能减少遗憾，得到更多的收获。

人生莫不如此。左右为难的情形会时常出现：比如面对两份同具诱惑力的工作，两个同具诱惑力的追求者，为了得到"一半"，必须放弃另外"一半"。若过多地权衡，患得患失，到头来将是两手空空，一无所得。

有一首老歌，歌词最后几句是这样的："原来人生必须要学会放弃，答案不可预期；原来结果最后才能看得清，来来回回何必在意。"是啊！人生在世，何惧放弃？

面对纷繁复杂的世界和物欲横流的社会，懂得放弃的人，就会用乐观、豁达的心态去对待没有得到的东西，他们每天都会有快乐和愉悦的心情；而不懂得放弃的人，只会焦头烂额地乱冲，他们不但最终达不到目标，而且每天都会陷于得失的苦恼之中。

人，正因为不懂得舍弃才会有许多痛苦。当自己有了舍弃的智慧时，就会豁然开朗，生命会马上向你展现出另外一个截然不同的景致。

《卧虎藏龙》里有一句很经典的话：当你紧握双手，里面什么也没有；当你打开双手，世界就在你手中。很多时候我们都应该懂得舍弃，生活中鱼和熊掌都能兼得的时候很少，这一次放弃是为了下一次得到更多的回报。

也许放弃时是痛苦的，甚至是无奈的选择。但是，若干年后，当我们回首那段往事时，我们会为当时正确的选择感到自豪，感到无愧于社会、无愧于人生。

今天成他人之美，明天他人成你之美，不要事事都和别人争，不要为了丁点儿事斤斤计较。有些东西该放弃的还是要放弃，不要舍不得，到头来给自己留下终身遗憾。

学会放弃，才能卸下人生的种种包袱，轻装上阵，迎接生活的转机，度过风风雨雨；懂得放弃，才能拥有一份成熟，才会更加充实、坦然和轻松。

没有命定的不幸，只有死不放手的执著

既然你无力改变什么，就不要让自己活在痛苦当中，释放自己，点燃快乐的心情。迷恋过往的伤口是心瘾，也是惯性的病态心理。不要认同那个受伤的旧我，每天都应更新心情，想法新陈代谢；不要老是黏着相同的想法，必须转移观点，学习离开凝想和痛苦。大部分痛苦都是不肯离场的结果，没有命定的不幸，只有死不放手的执著。

药材商人来到一个村子，向村民收购灵芝，出价十分高。但此时正值冬季，高山上的温度已经降到了零下几十摄氏度，上山采药十分危险，许多村民都因此而放弃了。

有父子3人决定冒一次险，因为商贩出的价格实在是太诱人了。他们登上了高山，并且到了冰川地带，但却一无所获。准备回来的时候，山上刮起了暴风雪，气温骤降，年事已高的父亲被严重冻伤，已经无法行走了。他倒在冰冷的雪地上，明白自己无论如何也走不下山了，便果断地对两个儿子说："我不行了，你们快把我的衣服脱下来穿上，设法下山。"两个儿子不肯丢下父亲，更不愿从父亲身上脱下衣服，坚持要背父亲走。

父亲不断斥责他们这种自杀行为，但却无法阻止他们。可是，他们背着父亲只走了一小段路，就迷失了方向，父亲也冻昏过去了。

儿子们泪流满面，一声声喊着"爸爸"。大儿子脱下身上的大衣盖在父亲身上，试图把父亲救过来。过了许久，父亲已经没有一丝气息，大儿子也被冻伤了。他对弟弟说："看来我要在这里陪父亲了。小弟，你把我的衣服脱下来穿上，设法走下山去，家里还有母亲、奶奶在等着我们。"弟弟悲痛万分，他摸摸父亲，再摸摸哥哥，父亲的身体已经僵硬，哥哥的身体还有一丝余热；他脱下自己的大衣，盖在哥哥的身上，企图救活他。

第二天，暴风雪过去了，父子3人倒在一块儿：父亲盖着大儿子的大衣，大儿子盖着小儿子的大衣，而小儿子只穿着一件薄薄的棉衣。00村民们把他们抬下山，边走边流泪。他们说："什么叫骨肉相连，他们父子3人就是。"但是有人却惋惜地说："应该有两个可以活下来，但他们错过了。"

什么时候该放手，什么事情该放手，应该了然于胸。放开悲伤、放开琐碎、放开过往的心结，人生会过得更加精彩。懂得放手才能成全美丽人生。现实生活中我们也该如此，该放手的就放手吧，即使是自己拥有的也该懂得放弃。

生活中，对待每一件事都不要太执著。这个世界上没有什么事情是一成不变的，某些时候你的执著与坚持会被别人的一句话所改变，你会发现原来自己的执著与坚持是那么地可笑，甚至有些愚昧。

有一个非常干练的推销员，他的年薪有6位数。但很少有人知道他原来是学历史的，在这做推销员之前还教过书。

这位成功的推销员这样回忆他的前半生："事实上我是个很没趣的老师。由于我的课很沉闷，学生个个都坐不住，所以，我讲什么学生都听不进去。我之所以是没趣的老师，是因为我厌烦教书，对其毫无兴趣，但这种厌烦感却在不知不觉中也影响到学生的情绪。最后，校方终于不与我续约了,理由是我与学生无法沟通,其实我是被校方免职的。当时,我非常气愤,所以痛下决心,走出校园去闯一番事业。就这样,我才找到推销员这份胜任并且愉快的工作。真是'塞翁失马,焉知非福'。如果我不被解聘,也就不会振作起来!事实上,我是一个很懒散的人,整天都病怏怏的。校方的解聘正好惊醒我的懒散之梦,因此,到现在为止,我还是很庆幸自己当时被人家解雇了。要是没有这番挫折,我也不可能奋发图强起来,闯出今天这样的成绩。"

对生活执著,是一种坚定的信念;对工作执著,是一种精神的寄托;对爱情执著,是一种人生中的美丽。可是如果在应该放手的时候不放手的话,就会使自己不堪重负而活得很累,甚至还很有可能会走向反面。而实际上,由于很多东西都是可以放下的,只有放得下,才能拿得起。在很多时候要舍得,只有舍去,才能得到。因此,我们不论做人也好,做事情也好,都不要太执著,要学会放手。

我们不论做人也好,做事情也好,都不要太执著,要学会放手。

不要在过去的爱情中苦苦纠缠

有一种爱叫做奉献,有一种爱叫做给予,有一种爱叫做生死与共,还有一种爱叫做放手。当理智告诉你们不能在一起的时候,不要再挽留什么,不要再提起勇气去相信"船到桥头自然直,车到山前必有路"。

爱情为何物,总有人愿意为那份成为过去的一切而守候,也总有人在爱情中肝肠寸断,总是用眼泪去献给爱情。纵然过去的一切是那样刻骨铭心，纵然你是如何对过去放不下，可是，请你记住你已经回不到过去，如果你的痴心绝对能换来谁的回心转意，那我相信世间会少很多伤心人。有些东西错过了，就一辈子错过了；人是会变的，守住一个不变的承诺，却守不住一颗善变的心。

钱志鹏有一个非常漂亮的女友，他很爱她，甚至做到了可以为她牺牲一切的地步。由于钱志鹏对女友百般呵护，让女友体会到了从未有过的幸福，可就在钱志鹏说出想结婚的念头时，女友迟疑了。

女友觉得钱志鹏是个没有大志的人。就这样，他们的爱情结束了。钱志鹏痛苦不堪，接下来的日子里，他几乎天天都在想念中度过，而且每天晚上都会阅读她曾经写给自己的情书。

以前的同学知道了这种情况，一位在佛学院任教的同学提议大家一起去这位昔日的老班长家里坐坐。钱志鹏见大家来看自己，十分高兴，寒暄一番过后，那位在佛学院任教的同学委婉地问及钱志鹏的感情问题，并请老班长把他收藏的前女友的情书给他看。老班长把一本装订得非常讲究的情书拿出来，还回忆起他当初那两年幸福的爱情生活。大家从他回忆时的神态和凄凉柔和的语调可以看出，他们曾经是多么地相爱。

那个同学翻了翻那些发黄的信笺纸，说了一句"爱情走了留不得"，没等大家反应过来，便将情书撕了个粉碎！钱志鹏的怀旧症被彻底治好了，长达十几年的失恋状态终于和他告别了。不久，他又开始了一段全新的感情。

爱情之所以神圣，是因为两个人要为此付出真诚甚至生命，彼此珍爱。倘若是一方退出，另一方就不要死死拽着不放。一旦发现那棵树已经枯萎，就别再苦苦纠缠，你可以试着去爱情的森林，让自己变成一个爱情的乐观主义者，你就会感觉到爱情的森林里一片鸟语花香，更可以重新选择最适合你的树歇息。

刘萌萌与前男友张羽是大学同学，大学毕业后，张羽开始从事销售工作，刘萌萌则继续深造，而后进入外企工作。两人朝着各自的事业目标奋斗。但就在谈婚论嫁之时，这段感情却突然发生了变故。

张羽向刘萌萌提出分手的理由是：由于刘萌萌的"三高"，令学历、工资、职位都相对较低的自己感受到了莫大的压力，无奈只好选择分手。无论刘萌萌如何苦苦哀求，张羽都像是铁了心一样。刘萌萌不得不忍痛结束了这份长达

10年的感情。事后她才知道，张羽在与她交往的同时，还背着她和另一个女孩交往了大半年时间，如今，二人已经结婚。

10年深情一夕间便付诸流水，刘萌萌深感挫败。刚分手那会儿，她每天会给张羽打去十几个电话。起初，张羽还会接听，她便在电话中对其破口大骂，每次张羽都会挂断电话，后来干脆就不再接听。之后，她便不停给张羽发短信，其内容也是痛骂其不忠。发泄完后，沮丧至极的她又会忍不住再发去一些道歉的信息，检讨自己不应该这般冲动，如此反复。

不仅如此，刘萌萌还通过张羽的博客，搜到了他妻子的博客地址，经常在这二人的博客上留言，要不回忆与张羽交往时的浓情蜜意，要不就是怒骂二人一通。一旦不这么做，心情就很不舒坦，"堵得慌"。

有时候执著是一种负担，放弃是一种解脱；人没有完美，幸福也没有100分，知道自己一次没有能力拥有那么多，也没有权利要求那么多，否则苦了自己也为难了对方。你可以记住过去的美好，但那些毕竟已经过去了，那一切已不属于你，它只会让你徒留伤感。有时爱情很美，我们一句承诺就可以紧紧地把它系牢，当爱不在时，别用眼泪去祭奠爱情，让过去的爱情都随风，踏着生命的足迹找寻下一次的永恒。

有时爱情很美，我们一句承诺就可以紧紧地把它系牢，当爱不在时，别用眼泪去祭奠爱情，让过去的爱情都随风，踏着生命的足迹找寻下一次的永恒。

放手,得救的最妙药方

放手是一剂灵丹妙药。自古以来,"放手"就是一个让人们不断探讨的哲理问题。一个永远不想放手的人,是一个沉重的人,人生也不能承受生命之重。一个永远不能放手的人,未必有人生新的收获和新的体验。放下,是一种生活的智慧,是一门心灵的学问。

"放下"原本只是一句禅语,放下你的外六尘、内六根、中六识,一直舍去,舍之无可舍去。然而,又有多少人能够真正懂得这种境界呢?人在原始时代,过着封闭的生活,以为视所能及之界,步所能至之处便是所有的天地,而原始的平等与平均使人欲也随之淡化。是想象和美好的心愿开启了人类欲望的大门,任何可以想象,又力所能及、智所能为的产物开始了天地间的变化。从此生活变得不再满足,欲望得到了无尽的"升华"。在追求物质的过程中,欲望得到了足够的满足,而心灵似乎永远找不回原来的那份宁静和安详。

在一辆飞速行驶的火车上,一位老人刚买了一双价格非常昂贵的新鞋,不料,因不小心,一只鞋掉了下去。旁边的人看到后,无不为他感到惋惜,而他却微微一笑,紧接着又把另一只鞋扔了下去。车上的人看到后,很是不解,便问其原因。他说:"一双鞋扔下去,说不定正好有人没有鞋穿而得到一双鞋,或许我们还会遇到那个人。这样的好事,我何乐而不为呢?"

是啊,不管是多么珍贵的鞋,丢掉其中的一只,另一只也就没有一点用处了,何不让捡鞋的人捡到一双鞋呢?所以说,与其抱残守缺,倒不如顺其自然，这样就会让自己的心灵得到释放，不至于因失去了一只鞋子而郁闷不安。让心灵深处有一点快乐，养几分安宁，这何尝不是一种收获呢？

忙碌的脚步，让人们失去了沉静的本能。物欲横流的今天，数字的多少划分了人与人之间的等次，打破了平衡的宁静。人们个个躁动不安，努力寻找提升自身社会等次的空隙。不择手段地往上钻，没有台阶，就踩着别人的肩膀继续往上，整个人都变得几近疯狂。谎言被人崇拜，实话被人遗忘。掩耳盗铃，自欺欺人，是非难分……

其实，人要生活得很幸福，不一定要辉煌，不一定要有地位，但一定要有"放手"的勇气，让心灵释荷。放下曾经的辉煌，放下昔日的苦难，放下对旧日恋情的回忆，卸下身上所有束缚我们前行的包袱。人生最大的幸福就是懂得该放手时且放手。

孟子说过"鱼和熊掌不可兼得"，如果不是我们应该拥有的，就应抛弃掉。几十年的人生旅途，会有山山水水，风风雨雨，有所得也必有所失，只有学会放手，才能拥有一份轻松，才会活得更加充实，更加坦然。

人生在世，无论是生活还是工作，可谓是事物变化无常，人们必须懂得放手，不要执著于心爱的事物而无法割舍，毕竟，喜爱一种事物的初衷，并不是为了在失去它时伤心。人生中的许多事情既已失去，不妨就让它们失去吧。要知道，执著于失去只会让自己更痛苦，唯有放手，才能解脱。

感情尤其如此。爱情是流动的液体，它会被客观改变，也会自己发生氧化，从而蒸发掉。亘古不变的东西是没有的，属于你的自然会被握在你手中，流失的，就任它去吧，生活就是这样，如果已经缘尽，既选择分离，就不必回头。而得到了就一定要珍惜，因为没有人会在原处等你。

从前，有一名秀才和未婚妻约好要在某年某月某日结婚。但到那一天，他的未婚妻却嫁给了别人。秀才因受不起打击，一病不起。家人用尽各种办法都无能为力，眼看就要奄奄一息。这时，一个云游僧人路过，得知情况后，决定点化一下他。僧人到他床前，从怀里摸出一面镜子叫秀才看。秀才看到茫茫大海，一名遇害的女子一丝不挂地躺在海滩上。路过一人，看一眼，摇摇头，走了……又过一人，把衣服脱下，给女尸盖上，走了……再路过一人，过去，挖个坑，小心翼翼把尸体掩埋了……疑惑间，画面切换，秀才看到了自己的未婚妻。洞房花烛，被她丈夫掀起盖头的瞬间……秀才不明所以。僧人解释道：那具海滩上的女尸就是你的未婚妻前世，你是第二个路过的人，曾给过她一件衣服。她今生和你相恋，只为还你一个情，但是她最终要报答一生一世的人，是最后那个把她掩埋的人，那个人就是他现在的丈夫。秀才大悟，"唰"地从床上坐起，病竟然痊愈了！

缘分，一种美妙的感觉，源自于心灵的契合；可遇不可求，就算词穷墨尽，亦无法形容。有时，它与你擦肩匆匆而过；有时，它情深款款地向你走来。缘分，犹如大海，表面蔚蓝平静，却不知隐藏着多少波涛汹涌的肆意与狂妄。有些人，天天相见，却只是淡淡的点头之交；有些人，从未谋面，却共振起一层层共鸣，彼此心心相印。一次不期而遇的美丽邂逅，这是缘分，缘起，谁也阻挡不了。一次无意中彼此悄然错过，这是缘分，缘灭，谁也留不住。在被触动敏感柔软的心弦时，在心不设防时，勾勒出魂萦梦牵，挣扎中欲走却留的一往情深。缘分，存在着逃避中隐约的一份心痛，也因保留着一份缥缈虚幻而美丽。如同空中楼阁，其实，只是存活在心里的一道风景。或许，被深深刺痛的不仅是肉体，还有脆弱的灵魂。

白雪公主注定要和王子相遇，无论是继母派出的猎人还是那个带毒的苹果，无论是那面说实话的魔镜还是7个可爱的小矮人，它们的出现都是为了让公主和王子相遇，都是为了成就一份纯美恋情。"善有善报，恶有恶报"，对于一个柔弱又尊贵的公主而言，也许最好的报答就是收获一份天长地久的爱情,这是让上天都感动的爱,是冥冥中不可强求的缘分。如果你相信缘分的存在,就应该明白,缘分这东西可遇不可求,该是你的,早晚是你的;不是你的,你怎么努力也得不到,是聚是散都应随缘。

若是有缘,时间、空间都不是距离,若是无缘,终日相聚也无法会意,凡事不必太在意,更不需去强求,就让一切随缘吧!

生命不仅仅只属于自己,也肩负着家庭、社会的使命。珍惜生活,懂得放手,才能解救人生。

第五章
拿起放下，理性生活

不论我们做任何事，处在任何环境之中，都要保持沉稳冷静，表现得淡定从容。千万不可心浮气躁，急切慌乱。那样不但解决不了问题，反而会乱了分寸和章法。

不以物喜，不以己悲

坎坷人生，喜忧参半，酸甜苦辣，五味俱全。也许正因为这样，生活才有滋味，活得才带劲。平民为生计而奔波；总理为国事而操心。忧喜无时无刻不在搅扰着人们，"上帝"最公平，他把忧喜分给了每一个人，只有忧喜的内容和大小不同而已。

"不以物喜，不以己悲。居庙堂之高则忧其民，处江湖之远则忧其君。是进亦忧，退亦忧。然则，何时而乐耶？其必曰：先天下之忧而忧，后天下之乐而乐乎！"范仲淹的《岳阳楼记》把古之仁人的忧喜观揭示得极为深切，而又颇富艺术性，成为古今散文久读不衰的范文。

"先天下之忧而忧，后天下之乐而乐"已成为历代仁人志士崇高忧乐观的精辟概括。凡夫俗子也当以此名句鞭策和要求自己，摆正忧乐关系，创造有价值的人生。其实，当我们除了铭记"先忧后乐"的名句，还需切记"不以物喜，不以己悲"这一句，在忧喜这对矛盾关系的处理上，也可以达到其自然的境界。

"当忧则忧，当喜则喜"，范仲淹记岳阳楼，一为重修岳阳楼，更为劝老朋友滕子京，滕子京当年作为改革派人物受诬被贬到岳州，心中愤愤不平。范仲淹便借记岳阳楼，而把规劝之言和自己的处世态度艺术地表达出来。所谓"不以物喜，不以己悲"，就是说人的忧喜情绪不因客观景物美好而高兴，也不因个人处境不佳而忧伤，顺其自然，豁然，超然。一般人难以做到"不以物喜，不以己悲"。因为，人毕竟是有情有欲、有心有肺的高级动物，不可能受客观外界干扰而无动于衷，也不可能因受到不公正的待遇而麻木不仁。只要是在客观外界向自己压迫而来时，能够慨然以对，洒脱些，想开点，向远看，随遇而安，静观其变，自寻解脱。

"当忧则忧，当喜则喜"，不是随心所欲，跟着感觉走，要怎样就怎样，无拘无束无节制，而是要懂得掌握一个"度"。凡事都有一个限度和分寸，过了那个限度和分寸，就会走向另一个极端。追求自由人生和放纵自我之间一步之隔，一念之差。忧忿过度会导致对现实不满，进而伤害他人，损害社会公德；乐极生悲，无限制地"享受生活"，就会堕落，就算不会堕落，也不利于养生，过忧过喜都有害于人的身心健康。萨特的"凡是自求自我需要的满足为目标的行为，都是自由行为，从而也是道德行为"的说法是错误的，就是因为他过分强调了"自求是自我需要"。一个人只想"求自我需要"，必须把他人视为"地狱"，这是一种社会关系的腐蚀剂。当然，对于中世纪的"禁欲主义"对自由人性的扼杀，它还是进步的。凡事把握住那个"度"，就把握了自己。不是什么人什么场合都能把握自己，有人格的人才能抵住各种诱惑，确立自己的形象。"度"重要到可以区别人性和兽性，所以更要特别把握住。虽说"饮食男女，人之大伦也"，但是，只有这个"度"才是真人还是"类人"的试金石，且不可因抵不住诱惑而乱了方寸，失去了那个"度"。

忧和喜对于人来说，似乎还好把握，难的是拿不准主意，优柔寡断，这才是最痛苦的。所以"当忧则忧，遇喜则喜"在某种意义上说就是要当机立断，拿得起，放得下。当断不断，痛苦不堪，必有后患。大凡遇到这种情况，要么当机立断，变长痛为短痛；要么就由它去，顺其自然。如果说多重原因将某个问题紧迫地提了出来，不了断不行时，那就得取前一种态度，并且，从下决断时就做好心理准备，不吃后悔药，不管实践证明决断是否正确。生活让人"闹心"，比如升学、提干、调转、婚恋，往往一句话，一个决断就会决定你或他人的终生命运，形势和情况又不允许你等待，以观其变，这种时候的忧喜，就得从宏观上去顺其自然。总之，我决定了，或我说了算，是忧是喜都随它去，无论怎样都能认可，这就是一种潇洒乐观的态度。

"遇忧则忧，遇喜则喜"，这是道家的"养生"学说。道家的忧喜观还是满潇洒的。庄子《有宥》篇中说："夫大喜邪，毗于阳；大怒邪，毗于阴。"其意是过分欢乐会伤阳气，过分忧伤有损阴气。阴阳两气不调，人就会生病，无论寿命多长最终也是死于病，而不是死于老。

对于一个懂得养生之道的人来说，任何忧愁祸患都不能在他身上停留，这样的人称"俞俞者"，能长寿，即"俞俞者，剧患不能外，年寿长矣"。什么事都不必太勉强自己，应当"悠"着点儿，"善养生者，若牧羊然，视其后者而鞭之"。即会养生的人，就像放羊那样，常常拿鞭子抽打羊群后边的羊，并不鞭打头羊，对照生活中"鞭打快牛"的说法，庄子的话不是很耐人寻味的吗？

不苛求人生处处得意，那只不过美好的幻想而已，失意在人生中是不可避免的。只要你把失意当作生活的调味品，你会惊喜地发现新的生活正在你的面前。若经不起失意的锤炼，岂能傲立人前。泥泞的道路既留下了脚印，同时也印证了行走的价值。

遇事要冷静，处世要淡定

冷静实际上是淡定的一种表现，也是人生的境界。

两名病人因患肺结核而住进了医院。甲病人沉着冷静正确应对病情，安心接受医院的治疗。乙病人整天顾虑重重，时不时想到如此呆下去会耽误工作，内心压力很大，常处于烦躁之中。甲病人见状，便主动开导他："老兄，不要着急，先治好病，以后的工作自然就可以顺利完成。"过了不久，甲病人治愈出院了，临走时勉励乙病人要安心治疗，不要那么着急。当乙病人出院的那天，他的心里对甲病人有说不出来的感激。

所以，在我们的生命中，许多事情都需要我们冷静地去面对，也就如同甲病人一样，乐观地、冷静地、淡定地去面对它。那么，我们才可以战胜疾病的折磨，正确地做出一项决策，选择并开辟一条人生之路，赢得一次次机会，取得人生中的一次次成功。生命中有许多事情都需要我们去应对，因此一定要学会冷静地去思考，去准备，去行动，去正确地面对一切。

在人的生命当中，有很多问题都需要以一颗冷静的心去面对，在小的时候面对老师一次次的提问，面对着一道道计算题；毕业时面对的是选择继续深造，还是择业，应对面试官的令人费解的盘问。总之人生当中所面对的每一次重大的决策，都需要我们冷静地去应对。学会沉着地去应对，认真思考，你才能真正找到一份满意的答案。

历史上，许多杰出人物正是具备了临危不惧的淡定的优点，才创造出了一个又一个的丰功伟绩。

三国时期，诸葛亮的妻子黄氏是历史上有名的丑女。她发黄面黑，长得很难看，附近的青年男子都不愿娶她。不过，黄氏长得虽丑，却颇有才华，品德极佳。一日，黄氏的父亲黄承彦见到诸葛亮，听说他想找个媳妇，便对他说："闻君择妇，身有丑女，黄头黑面，才堪相配。"没想到，诸葛亮竟然真的重才轻色，当即求亲。于是，黄承彦便将女儿嫁给了诸葛亮。

这事一下子在当地引起轰动，当地人都拿这件事做笑料。但自从得到黄氏这位贤内助后，诸葛亮受益匪浅，后来挂印封侯，成就伟业，莫不得力于黄氏内助。在戏剧和图画中，诸葛亮总是身披八卦衣，手持鹅毛扇，一副运筹帷幄、决胜千里的姿态。传说鹅毛扇便是黄氏送给他的一件礼物。诸葛亮出山辅佐刘备，行前，黄氏用其父赠给她的一只大鹏鸟翅做了一把扇子，扇柄上画着八阵图，要诸葛亮随身携带，一则不忘夫妻恩爱，二则对行军作战大有裨益，三则告诫他息怒。

黄氏对诸葛亮说："你与家父畅谈天下大事时，我发现当你说到胸中的大志，就气宇轩昂；谈到刘备先生想请你出山，就眉飞色舞；一讲到曹操，就眉头深锁；一提到孙权，就忧戚于心。大丈夫做事情一定要淡定，我送你这把扇子就是给你用来遮面，挡你的脸的。"

诸葛亮拿起鹅毛扇一摇，头脑很快就冷静下来。因此，诸葛亮离开草庐后，一直身不离八卦衣，手不离鹅毛扇。原来，"遮面"的意思是说先要沉得住气，然后才能处之泰然、保持冷静。

在如今现实的生活当中，我们做事情就更需要学会淡定。淡定地应对一次考试、一次面试、一次演讲、一次交谈、一次约会……遇事不淡定，凭借自己的一时冲动，往往误了大事，甚至损人害己。

生活中有很多人和事，都是因为在突发情况下的不淡定，随着时间而使事情发生恶变，从而使自己也成了受害者。

一位大学生应聘于一家公司搞产品营销，公司首先便提出要试用三个月。在这三个月中，他每天起早贪黑地全身心地投入工作，而且颇有业绩。当三个月已满时，他恼怒公司还没有正式聘用而愤然提出辞职。公司一位副经理请他再考虑一下，他越发火冒三丈，说了很多过激的抱怨话。对方终于也动了气，明明白白地告诉他，公司不但已经决定正式聘用他，而且还准备提拔他为营销部副主任。但这样一闹，无论如何公司也不会再用他了。

在我们平时的生活当中，做到淡定地面对世间的社会百态、实际问题，才能够使我们的生活提高到较高的品位。冷静处事，是为人的素质体现，也是情感的睿智反映。在《大学》中曾强调："静而后能安，安而后能虑，虑而后能得。"这个"得"，才是对高品位生活的一种美好的享受。

如果你以淡定的心态去面对五彩缤纷的生活，不仅有利于苦乐中的锻炼，还可以享尽人生中的惬意；如果你以淡定去面对生活中的每个人，有利于善恶的辨别，可亲君子而远小人；如果你以淡定面对名利，有利于道德上的筛选，可提高人品和素质；如果你以淡定面对眼前的坎坷，有利于安危中的权衡，可除恶果保康宁。淡定可以使你变得大度、理智、无私和聪颖。

越是重大的决策，越是要心平气和

一位美丽的姑娘与一位才华出众的意中人共坠爱河，家里人却极力反对，认为门不当户不对，小伙子家太穷了。姑娘极力坚持，却不料此时意中人意外地离世。姑娘遭受重大打击后，万念俱灰，便随意地听从父母的安排，嫁给一位自己并不爱的阔少爷。岁月流逝，姑娘发现：她从一种伤痛中走入另一种更深的痛苦。这就是痛苦消沉时的决策带来的结果。

在心情不平静的时候，人们常常做出错误的决策。比如"你说不行，我偏要如何如何"，这是赌气冲动时的决策；比如"算了吧，散伙吧，我们肯定没希望了"，这是悲观失望时的无奈决策；比如"我就不信我斗不过你，我治不了你，哼"，这是被挑衅激怒后的报复决策……这些情况下的决策看似符合心情、合乎情理，但却并不是正确的、能带来有利结果的决策，这些决策都不是在冷静的情况下所做出的，必然考虑不周，冲动而不理性，有失全面。这样的决策怎能带给你好的结果呢？

每临大事要淡定，是能够做成大事者的基本素质之一，越是重大的决策，越是要心平气和，头脑冷静，周密地分析各种信息，判断各方局势，做出认真负责、科学的决策。

而当一个人情绪波动比较大或压力比较大时，仍然能做到冷静理智是一件很困难的事，这时候也是最危险的时候，因为我们可能丧失了清晰的分析判断能力，最容易做出糟糕透顶的决策。而且，这种时候，人心底还会有一种尽快摆脱这种境地的渴望：我不想在这儿待下去了，随便哪条路，只要能走开就行；或者是我气得受不了，先把气出了再说。

在各种情绪冲动下，我们极易干出后悔终生的傻事来。所以，在情绪不好的时候，首先想到的是平静，控制住自己的情绪，而不是匆忙决策。

人与人之间总难免产生各种各样的争执，气愤之中人们做出的决策往往就是一较到底，甚至不惜对簿公堂。其实，遇到争执之事，要想找到最好的解决办法，就要先冷静下来，考虑清楚了再做决定，这样得到的结果才可能是真正对你有利的。

赵豫，明朝安肃人。宣德和正统年间，曾经任松江知府。他在任期间，对老百姓问寒问暖，关怀备至，深得松江老百姓的爱戴。

赵豫处理日常事务，有他自己的一套方法。每次他见到来打官司的，如果不是很急很急的事，总是慢条斯理地说："各位消消气，明日再来吧。"起先，大家对他的这套工作方法不以为然，甚至还暗地里给编了一个"松江知府明日来"的顺口溜来讽刺他。这个顺口溜慢慢地在老百姓中间流传开来，老百姓见到他都叫他"明日来"。听到这个绰号，赵豫总是仁慈地笑笑，从不责备叫他绰号的人。

赵豫曾对人说起过"明日再来"的好处："有很多人来官府打官

司，是因为一时的忿激情绪，而经过冷静思考后，或者别人对他们加以劝解之后，气也就消了。气消而官司平息，这就少了很多的恩恩怨怨。"

"明日再来"这种处理一般官司的做法，是合乎人的心理规律的。以"冷处理"缓和情绪，才能理智地对待所发生的一切，从而做出正确的决策，以免人们在不冷静的情况下做出让自己悔恨的事情来。忍一时的不冷静，对人对己都是有好处的。

遇事冷静，是能够做成大事者的基本素质之一，越是重大的决策，越是要心平气和，头脑冷静，周密地分析各种信息，判断各方局势，做出科学的决策。

理性的人总会与机遇牵手

理智是成功的基石。在追求成功的道路上，缺乏理智的人与机遇擦肩而过，因为他们不会辨析机遇；具有理智性格的人让人感觉踏实，给人安全感，他们性情稳定，思想成熟，想法全面，做事周密，成功几率很高。

希望集团总裁刘永好成功进军房地产业经历了一段长时间的理性思考、判断、选择以及分析的复杂过程。在1990年前后，刘永好的一位朋友叫他去海南发展，说海南的房地产业很好赚钱。刘永好见朋友的确赚到了钱，就决定先试运行一下。他派人在海南注册了一家公司，后来自己还亲自去了一趟，但他的心中始终有一个疑团，为什么同样是盖房子，在海南就能赚这么多钱。后来朋友告诉他赚钱的秘诀是，让原来价值10元的东西不断地转手，最后卖到100元，因为不断地转手能使价钱不断升高。

刘永好经过理性的分析，觉得这种做法属于泡沫经济，随时都可能破灭，于是他选择了放弃。事实证明，他的选择极为明智，就在他把海南的公司注销不久，海南的房地产业掀起了铺天盖地的泡沫破灭的黑色灾难，而理性的决定让刘永好避免了这场灭顶之灾。

就在几年后，许多人都认为房地产越来越难做的时候，刘永好却认为机会来了，他经过仔细分析、判断，最终组建了自己的房地产公司。而且一开始便高起点，大手笔地建立了锦容新城，创造了销售额14亿元的奇迹。到2000年，刘永好已经名列中国内地富豪第二位。

在刘永好的成功道路上，理性的分析、判断、思考和选择都起到了至关重要的作用，也为他铺就了一条黄金路。

在香港，也有三个典型的理智型人物。这三个人一直都想在房地产业搏一搏，于是在1958年，一起出资成立了新鸿基企业有限公司。到了1965年，香港银行业掀起了大风暴，房地产业一落千丈。很多人认为房地产业前景堪忧，但他们却觉得这是一个千载难逢的好机会。他们经过分析，确信香港房地产价格不久之后会回升，于是乘机买下一批低价房和地皮，然后建筑楼宇。不出所料，不久，香港工商业又开始出现繁荣景象，他们所建筑的楼宇也大批售出，获利甚丰，而新鸿基公司也一举称霸了香港房地产市场。他们就是被称为"三剑客"的郭得胜、李兆基和冯景禧。他们在香港房地产上创造了一个惊人的奇迹，正是因为他们的理智让他们抓住机遇并把握机遇才创造了奇迹。

中国古代著名军事家、政治家诸葛亮是一个非常理智的人，他在任何时候都能保持头脑清醒。有这样一个小故事可以充分说明这一点。诸葛亮平定南中后，仍然任用原来的南中首领为官长，很多人不解，问诸葛亮："丞相天威，使南人都降服了。然而，夷人之心难测，恐今日降服，明日又叛变，不如趁他们这次投降，建立汉官统治，同时教化他们。那么十年之内，就可以同化这些夷人了。"诸葛亮说："如果建立汉官，就要留下军队，那么军队每日要用的粮食从哪里来？这是最重要的问题。夷人刚遭到失败，他们的父兄或死或伤，建立汉官而无军队，以后必然会有祸害，这同样是不容忽视的事。以往的官吏和夷人结怨很深，如果再立汉官，夷人势必不相信，不信任如何开展工作？所以，只有不留军队、不运粮食，这些问题才能迎刃而解。"事实也证明，诸葛亮是对的。

拥有理智型性格的人能淡定地面对一切挫折和困难，准确地分析自己所处的环境，从而走向成功。

在追求成功的道路上，缺乏理智的人与机遇擦肩而过，因为他们不会辨析机遇；具备理智性格的人让人感觉踏实，给人安全感，他们性情稳定，思想成熟，想法全面，做事周密，成功几率很高。

一些伟大的人物都是很淡定

处世之时，适当的忍耐的确是很重要的，但是在某些情况下也太难，太痛苦了。有什么办法可以使事情既不那么困难也不那么痛苦吗？这就是要提高自己关于"淡定"方面的修养。"淡定"是指使各种烦恼不能挂怀的能力，后来被引申为在社会生活中保持心态沉静平和，不为外物和各种情感所扰的能力。很显然，如果说忍或自制是一种勉强的抑制，那么提高淡定的修养则可以无须努力便可以自然保持心态平和，两者相比，后者才是治本的方法。

只有加强自我修养以提高淡定的能力，才能面对外物的诱惑和干扰而心不动，甚至"泰山崩于前而目不瞬"。试想这是任何所谓自制力或忍耐力所堪比拟的吗？再好的自制或忍耐都难免有勉强感和屈辱感，而在自如的淡定之中没有这些东西，它是很自然的。因此，我们在加强自制力、忍耐力的同时，还须在领悟道理、提高淡定力上多下工夫。

任何一个在事业上成功的人，遇事都能保持从容淡定，从而随时准备好捕捉和发掘新机会，了解和对付新的问题。

高明的商人那种心境镇定的情形，就像一个够格的橄榄球员一样。当对方球员传球的时候球意外地落到他的手中，他并不不知所措或惊慌。而高明的商人也是一样，面对突发的新情况，并不会手忙脚乱。他能灵敏地反应，他有办法掌握或对付新情况，他会紧抱着球跑过去，或者警觉而放松地转个方向，以免对手扑过来。

有些刚开始做生意的人，就已具备这种轻松的内在能力，但是大多数的生意人，只有经过多次磨炼，才能养成这种习惯。

"随时都要把你自己看成是一个在湖中翻了船的人！"一个资深的石油商人这样告诫刚开始创业的朋友："如果你能保持淡定，你就可以游到岸边，至少在浮凫时有人来救起你。假如你失去淡定，你就完蛋啦。"

当一个人刚开始创业的时候，真有点像突然沉溺在湖中央的人。如果他保持淡定，他生存的机会就较大，否则他就很可能溺死。刚开始做生意的人或年轻的职员，都应该常常把这警句牢记在心里，这样，你就会养成淡定的习惯，而获得不少的帮助，也有办法应付任何情况。

不管在任何场合，如果能够保持顺应自然的态度，那么，任何事情都能应付自如。一些伟大的人物都是一些"淡定"的高手，面对突然变故，仍然镇定自若。因为他们懂得，不能慌，慌则无法思考应付的妙招。如果他们慌了，那么周围的人更没有主见，那就慌作一团了。因此，他们大都大喝一声："慌什么？"这一半是对别人说的，一半则是自我暗示。

如果你感到慌张，你的大脑就失去正常的思考能力，你就会丢三落四，语无伦次。许多人丢了重要东西，或者说话说漏了嘴，就是因为心里有"鬼"，慌里慌张。这种时候，你要有意地放慢动作的节奏，越慢越好，并在心里说："不要慌！千万不要慌！"动作和语言的暗示会使你慢慢镇定。你的大脑就会恢复正常的思考，以应付周围发生的事情。这一点对面临考试的学生尤其重要。

没有见过大场面的人，一到人多的场所，就会周身不自在。克服这种心理的方法是把所有的人都当做朋友，点点头，大声打招呼，别人自然也会致以回报。虽然他可能永远也无法想起曾经在哪儿认识你，但是你却因此消除了紧张。

如果说忍或自制是一种勉强的抑制，那么提高镇定的修养则可以无须努力便可以自然保持心态平和，两者相比，后者才是治本的方法。所以与其着力于忍或自制，不如着力培养自己的"淡定力"。

第六章
快乐每天，要好心态

人生短短一世，愁也一天，喜也一天，能够决定是否快乐的就是你自己的心态。调整好了心态，你选择了快乐，自然也就拥有了快乐！相信你也希望你最终能够找到属于自己的快乐。

转个念头就会有好心情

快乐是选择题，你要选择开心；开心是填空题，你要填进欢笑；欢笑是判断题，你要给好心情打对号。每个人一出生，上天就给了我们两项本能：哭和笑。但人的思想和生命从来不会在哭哭啼啼中变得富有光彩，更多需要的是微笑、快乐的心态。态度不同，对事物的看法就会不同，所以凡事往好处想想，就会少些烦恼、痛苦，就会多些快乐。当你消沉时，试着转变一种心态，让自己快乐起来，或许当你乐观地对待一切时，上帝会给你许多照顾。

非洲的一座火山爆发后，随之而来的泥石流狂泻而下，迅速流向坐落在山脚下不远处的一个小村庄。农舍、良田、树木，一切的一切都没有躲过被毁的劫难。滚滚而来的泥石流惊醒了睡梦中的一位14岁的小女孩。流进屋内的泥石流已上升到她的颈部。小女孩露出双臂、颈和头部。

及时赶来的营救人员围着她一筹莫展。因为对于遍体鳞伤的她来讲，每一次拉扯无疑是一种更大的肉体伤害。此刻房屋早已倒塌，她的双亲也被泥石流夺去生命，她是村里为数不多的幸存者之一。当记者把摄像机对准她时，她始终没叫一个"疼"字，而是咬着牙微笑着，不停地向营救人员挥手致谢，两手臂做出表示胜利的"V"字形。她坚信政府派来的救援部队一定能救她。可是营救人员最终也没能从固若金汤的泥石流中救出她。而她始终微笑着挥着手,直到一点一点地被泥石流所淹没。

在生命的最后一刻,她脸上没有一点痛苦失望的表情,反而洋溢着微笑,而且手臂一直保持着"V"字形状。那一刻仿佛延伸一个世纪,在场的人含泪目睹了这庄严而又悲惨的一幕,心里都充满了悲伤。世界静极,只见灵魂独舞。

人生永远处在一个选择的过程当中,当厄运来临时,你可以选择痛苦的呻吟,也可以选择坚强的微笑。很多时候,我们无法改变事情的结果,但是我们可以改变自己的心态。假如你能够选择快乐,为什么要选择痛苦?要知道:快乐是一种选择,痛苦也是一种选择。做每一件事情,我们都要选择快乐。

人生短短一世,愁也一天,喜也一天,能够决定是否快乐的就是你自己的心态。调整好了心态,你选择了快乐,自然也就拥有了快乐!相信你也希望你最终能够找到属于自己的快乐。

一对恋人,相爱 6 年,到了该走向结婚礼堂的时候,他们却分手了。6 年间,男的为女的付出了很多,但提出分手的却是他为之付出了 6 年的女友。他有过短暂的不平衡,但很快就释然了。

因为他想,如果付出一定要有回报的话,那还是真正的爱吗?如果付出不一定要有对等的回报的话,那就此放手有什么不可以?

有时候,跟彼此都熟识的朋友相聚,为了安慰他,朋友总要有意无意地谴责她的负心,他常常会笑着阻止:"或许她是对的,她肯定有她自己的理由,谁会轻易地去辜负一个人、伤害一个人呢?"

与此同时,他努力忘却心中的痛苦,努力追求自己的事业,努力地去关怀、帮助身边每一个需要关爱的人,并以此获得人生的快乐。

对于人来说,这个世界上没有绝望的处境,只有对处境绝望的人。

人生百味,"人有悲欢离合,月有阴晴圆缺",是我们无法避免、无力阻拦的,但"横看成岭侧成峰",我们可以选择换一个视角,换一种心态,去体味生活的美丽与奥妙,让自己化悲伤为喜悦,破涕为笑。

真正的快乐,来自于一颗乐观、积极、向上的心,而真正的乐观,来自对苦难的超越。只有超越苦难,才能读懂人生,进而笑对人生。总之,快乐是你的选择,不快乐也是你的选择,关键是你到底应该选择快乐还是不快乐!

罗丹说:"这个世界上不缺少美,缺少的是发现美的眼睛。"我说:"这个世界上不缺少快乐,缺少的是体味快乐的心态。"那就让我们放下林黛玉式的因恐花败而不愿花开的伤感与痛苦,共享龚自珍"落红不是无情物,化作春泥更护花"的新生的博大与快乐。那就让我们展开痛苦的蹙眉,扬起快乐的嘴角,以一种积极的心态,面对人生路上的顺利与坎坷。

人生短短一世,愁也一天,喜也一天,能够决定是否快乐的就是你自己的心态。调整好了心态,你选择了快乐,自然也就拥有了快乐!

释放心灵,为你的精神松松绑

在生活中,我们常常看到这样一些人:他们一天到晚总是行色匆匆;他们总有做不完的事,忙不完的应酬,打不完的电话;从不轻易看一眼路旁的树、身旁的花;极少与父母聊天;忽略了与妻子散步;很少与子女交流……因忙碌而忘记休息,因事业而忘记生活,人生渐渐变得毫无生气了。

一个被捆绑的身体，将失去行动的自由；一颗被捆绑的心灵，将无法与他人进行必要的交流，生活也将因此而变得灰暗。所以，我们应学会给心灵松绑，让灵魂喘口气。

今年33岁的姚先生是一位外企市场经理。作为一个年轻有为的市场主管，他办事能力强，工作业绩也很出众，深得老板赏识。姚先生每天分析各种销售数据，穿梭于各个会议室，甚至午饭都在讨论下一步的市场计划。下班后，他又不得不忙于应酬和家庭琐事，甚至深夜忙完再继续加班……每天都在高负荷运转……年底体检，姚先生很惊讶，自己一向硬朗的身体，心脏居然出了问题！

人们常常说自己忙，特别是有了家庭以后，一方面忙家庭，一方面要忙工作，整日囿于柴米油盐和家庭、工作琐事之中，与朋友，甚至家人的联系都少得可怜。

其实问一下自己，难道真的忙得连打一个电话、发一个短信的时间都没有吗？答案当然是否定的。是我们的心灵被家庭琐事、工作细节填充满了，是我们失去了敏感的心灵，我们感动的能力在逐渐退化。好象对什么事情的态度都是淡然的，不再轻易地感动，轻易地倾吐自己的心声，把一颗心灵包裹得严严实实，并美其名曰"心灵的自我保护"。让我们适时地给心灵松松绑，这样生活中就会多一些乐趣，少一些烦恼；多一些感动，少一些怨言。

有一位公司职员，一天觉得自己好像生病了，就去图书馆借了本医学手册，看该怎样治自己的病。他一口气读完了该读的内容，然后又继续读下去。当他读完介绍霍乱的内容时，方才明白，自己患霍乱已经几个月了。他被吓住了，痴痴地坐了好几分钟。

后来，他很想知道还患有什么病，就依次读完了整本医学手册。

这下可明白了，除了膝盖积水症外，自己一身什么病都有！他决心去找自己的医生，一进他家门，他就说："亲爱的朋友！我不给你讲我有哪些病，只说一下没有什么病，我的命不会长了！我只是没有患膝盖积水症。"

医生给他作了诊断，坐在桌边，在纸上写了些什么就递给了他。他顾不上看处方，就塞进口袋，立刻去取药。赶到药店，他匆匆把处方递给药剂师，药剂师看了一眼，就退给他说："这是药店，不是食品店，也不是饭店。"他很惊奇地望了药剂师一眼，拿回处方一看，原来上面写的是：煎牛排一份，啤酒一瓶，6小时一次。10英里路程，每天早上一次。他照这样做了，一直健康地活到今天。

贝弗里奇说："人们最出色的工作往往是在处于逆境的情况下做出的。思想上的压力，甚至肉体上的痛苦都可能成为精神上的兴奋剂。"

人生苦短，学会给自己的心灵松松绑，让身心好好打个盹吧。生命的美丽在于享受收获，享受阳光，享受亲情，享受生活。让我们在心中点亮一盏灯，照亮心底的每一个角落，做最阳光的自己，享受健康快乐每一天。

人生好比是一棵树，如果任由每一个树枝都充分发展，营养就不可能跟得上，因此，我们必须不断修剪人生的枝叶走向，突出人生的主干。如果我们为某个问题而烦恼、苦苦挣扎，仍然无法理出头绪、无从下手，那么，最好暂时放下它，不要逼自己做任何决定，让它在时间中成熟一些再去解决。

一栋房子要是没有窗户，温暖的太阳就无法照进来，新鲜的空气也不能飘进来。人也是一样，若是心灵被捆绑，就会感到气闷；只有释放心灵，心才能够通达，心灵的视觉才更清晰。著名作家奥斯卡·王尔德曾经说过："简单的就是正确的。"无论是扔掉一件不必要的东西，还是删掉通讯录上一个不再联系的人，在物质和欲望太多、太满的今天，学会"减一减"和"简一简"，才是健康和快乐的不二法则。

人生苦短，学会给自己的心灵松松绑，让身心好好打个盹吧。生命的美丽在于享受收获，享受阳光，享受亲情，享受生活。

远离浮躁，快乐每一天

由于经济的飞速发展，人们在追求物质享受的同时，许多人的心情也变得浮躁了，浮躁甚至成了现代人的通病。但淡定的人仍能在浮躁的人群中保持一份冷静与执著，踏踏实实地追求自己的事业，从而显得与众不同。

浮躁的表现是：心浮气躁，朝三暮四，浅尝辄止；自寻烦恼，喜怒无常；焦虑不安，患得患失；东一榔头西一棒槌，既要鱼也要熊掌；这山望着那山高，静不下心来，耐不得寂寞，稍不如意就轻易放弃，从来不肯为一件事倾尽全力，制订好的目标不能很好地坚持下去，不能很好地执行，心不能往一处想，力不能往一处使，一件事还没有做完便有了厌倦的感觉，觉得其他的事情好像比手头的这件事情更好做，还不如去做其他事。

浮躁是成功者路上的绊脚石，是人生最大的敌人。无论你一生的目标是做一个成功的企业家还是做一个普通的人，都不可浮躁。如果一个人浮躁，容易变得焦虑不安或急功近利，最终会失去自我；如果一个企业浮躁，往往会导致无节制地扩展或盲目发展，最终会以破产告终。

当一个人压力太大、急于成功、太闲或太忙、缺乏信仰、过分追求完美……这些问题出现并不能得到满意的解决时便会滋生浮躁，所以应该尽量避免这些问题的出现。

浮躁的人都具有急于求成的心理，总希望在最短的时间内取得最大的收获，这些不切实际的想法其实都是内心浮躁的表现。如果浮躁心态严重，就会使人感到烦躁难耐，一点点小事也会气急败坏，大发雷霆。些微的好事都会使人变得难以自制，得意忘形，些微的坏事立即会让其万念俱灰，痛不欲生，仿佛世界末日即将来临。如果不及时加以纠正，长期这样下去必然会导致性格的某种变形甚至变态。

无论做什么事情，都来不得半点浮躁。静下心来调整好自己的心态，专注于自己的事业，不要这山望见那山高，脚踏实地，一门心思做好目前该做的事情，这才是通往成功的最佳道路。

在现代社会中，浮躁不光体现在刚踏入社会的年轻人身上，在白领阶层中更加显著，它的典型表现为频繁跳槽。频繁跳槽的人可能也有自己的人生理想，他们也想干出一番大事业来，他们也会认准了方向和目标，希望在一家公司努力干下去，但问题在于，具体做事的过程中他们总不能集中心思，日复一日的上班使他们感到焦躁，他们急于在某一个领域里取得成功，急于成为某一领域内有权威的人，这种急于求成的心态导致她们不能安于现状，不能安于平凡，内心总是躁动不安，如此心态，要心往一处想，力往一处使谈何容易。所以，浮躁可以说是导致人们不能专一的症结所在，是导致人们频繁跳槽的重要原因。

频于跳槽可不是一种好习惯。社会心理学专家认为，盲目跳槽会使人变得越来越孤僻，不爱与人交往。他们认为，跳过槽的人在不知不觉中养成了一种习惯，工作中遇到困难就想跳槽；人际关系紧张也想跳槽；看见好工作想跳槽；有时甚至工作干得很好的时候也想跳槽，总觉得下一个工作才是最好的。渐渐地，他们产生了一种错误的心理暗示，就是一切问题似乎都可以用跳槽来解决。在这种消极的心理暗示作用之下，人们变得不敢面对现实，遇到困难只想逃避，他们总是想方设法为自己找寻一些冠冕堂皇的理由，例如从事的工作专业不对口、公司领导不重视、自己的才能得不到发挥、别人不理解等。更可怕的是，浮躁和频繁的跳槽还有一种看不见的互相促进作用。人们的心情浮躁，从而不能专注于事业，凡事浅尝辄止，这容易使人失去做事的信心，遇到困难便会跳槽了之，而频繁的跳槽又使人丧失了成就事业过程中最宝贵的敬业与团队精神，精神的丧失更加重了心理浮躁的感觉，如此往复、恶性循环必然导致心态失衡的恶果。到头来还是无法做成任何一件事。

浮躁的心理虽然不是积极健康的心理，不过当你被浮躁的情绪控制时，也不要心慌，不要自责，而是要想办法解决，想办法使自己很快恢复以往的心态。当一个人产生浮躁情绪时，可以利用休息时间到郊外远足，通过回归大自然来放松自己紧张的情绪；其次，可以选择打球、或者跑步等休闲活动，适当的休闲和运动可以达到减轻压力的作用；最后，让自己的身心得以愉悦，全身心地投入到工作中去。

浮躁是成功者路上的绊脚石，是人生最大的敌人。如果一个人浮躁，容易变得焦虑不安或急功近利，最终会失去自我。

活出好心情，才是最要紧的事

从前有一个渔夫，脾气非常暴躁。他每天都会去离家不远的一条河里打渔。有一天，他刚刚撒下网不久，天上雷电交加，不一会儿倾盆大雨就劈头盖脸地洒了下来。看着自己刚刚撒下的网和空空如也的鱼篓，渔夫非常生气，他怀着满腹的怨气开始用力地收网，可事有不巧，渔网被河底里的水草缠住了，任他怎样抖动，就是收不起来。后来一气之下，他将渔网撕扯得破破烂烂，这还不够，最后又一头栽进了池塘，再也没有爬上来。

这世界竟然有这样的傻瓜！现实生活中，还真存在着那么一些人。

那一天下午上班的时候，一位气质极好的青年女子来找王刚的一位同事。正巧王刚的同事不在，她留下了姓名。等王刚的同事回来，王刚把情况作了通报，还意犹未尽地说了一通"这女孩子不去当演员，可惜了"之类的惋惜话。同事笑说："你怎么知道她没有去当演员？事实上她不仅做过演员，而且还曾与一个非常重要的角色失之交臂呢。"接着同事说出了那个角色的名字，王刚的心里猛然一震：那可是一个令一名当年原本无名的演员一夜之间红得发紫的角色啊！

而她是怎样错过的呢？同事讲述道：当时，慧眼识珠的导演挑女主角，挑来挑去，最后只剩下两位候选人：她与日后走红的那位。论外形和气质，非她莫属。然而她脸上几颗隐瞒不了的青春痘造成了导演的犹豫。导演虽然有些犹豫，但还是偏向于她的，不巧这时外界又传出了她与导演有染的流言。一贯无瑕的她一赌气，退出竞争，旋即又辞职，匆匆地从北京打道回府了。近几年来，她远离机会频频、可以尽展才华的演艺界，成了一名普通的白领。偏离了自己真正的轨道，从事着自己并不真心喜欢的职业，其中郁积的遗憾和委屈又岂是一口气能赌掉的？况且，她的婚姻也因之而并不幸福。

对上面这个女孩的遭遇，你有什么感想呢？也许你正遭受挫折、伤心、难过；也许你在质疑自己，也质疑环境；也许你在大声咒骂这个世界的不公。这些都没有什么，也都是正常的情绪，因为不如意事，往往是十有八九，这早就是古圣先贤们肯定的事实。但你想总是如此吗？你想改变吗？你想总是让自己陷入这样不快乐的情绪吗？

也许你会怀疑自己做得到吗？但是除了你自己，没有人能做得到！你绝对可以让自己快乐，只看你愿不愿意而已。上司的咆哮、隔壁邻居养的狗、总是混乱的交通、忽晴忽雨的天气，这些都不是我们能控制的，也是不能改变的，可是，让自己变快乐，绝对是我们能做的。

人生的机遇不是那么容易改变的，也许有人够努力，也办到了，但这多少需要许多时间、耐力以及运气，不是每个人都可以办到。但却有一人人都能做到的办法，那就是"改变自己"！

学会给自己减压，不要活得太累凡是运动员都知道，为了增强腰部和下肢力量，运动员常在教练的指导下做一种压杠铃的负重练习。通过压杠铃的练习，运动员的力量尤其是腰部和下肢力量会迅速增强，奔跑和跳跃的能力会突飞猛进。当然，杠铃的重量一定要适当，轻了效果甚微，重了运动员受不了会闪了腰，而且杠铃重量的增加要因人而异，循序渐进。

这杠铃就像我们生活中所必须背负的压力，适当地背负一些压力，既能锻炼个人的能力，也能促进社会的发展和进步。但压力过度，突破了身体和心理的极限，就会使人身心受损，甚至彻底崩溃。人生的道路千万条，只有量力而行，才能够有所收获，享受到收获的乐趣。

每个人都有自己快乐的理由，也有自己不快乐的理由。比如，有的人工作轻松，自由，压力小，但工资有点低。他要想感到快乐，眼睛就不能老盯着工资低不放，而应该多想想——自己多自在啊！反过来，有的人工资很高，但压力大，不自由。他要想感到快乐，眼睛就不能老盯着工作压力大不放，而应该多想想——自己的工资待遇是大多数人所没有的。上帝不可能把什么都给你。紧紧抓住不快乐的理由，无视快乐的理由，就是一个人总是觉得不快乐的原因了。当一个人感到实在承受不了的时候，要及时给自己减压。

"生活真是太累了！"常听一些人喊出这样一句话。活得累的人很少有幽默感，因为他不敢去嘲讽或善意地笑一笑，更不会放松一下自己，惟恐别人以为自己对生活不严肃。活得累的人身上就像穿着一件厚重的铠甲，既不能活动自如，又不能脱去它，因为它太沉了，压在身上如重千斤。活得累的人就像永远戴着一副面具，这副面容在人前谨小慎微，在人后愁眉苦脸。真是太累了，让人喘不过气来。

既然活得累是件很痛苦的事，既然生命对我们来说又是那么宝贵，那么短暂，那么我们何不换一种活法，活得轻松、幽默一点，努力去感受生活中的阳光，把阴影抛在身后。即使工作任务很重，也要抽出一点时间来放松自己，那样会对你的工作更有益处。

林肯的书桌角上总有一本诙谐的书籍放在那里，每当他抑郁烦闷的时候，便翻开来读几页，不但可以解除烦闷，而且还能使疲倦消除。

美国富翁柯克在51岁那年把财产全部用完了，他只得又去经营、去赚钱。没多久，他竟然又赚了很多钱。他的朋友因此很奇怪，问道："你的运气为什么总是这样好呢？"

柯克回答说:"这不是我的运气,而是我的秘诀。"

朋友急切地说:"你的秘诀可以说出来让大家听听吗?"

柯克笑了:"当然可以,其实也是人人可以做到的事情。我是一个乐观主义者,无论对于什么事情,我从来不抱悲观态度。就是人们对我讥笑、恼怒,我也从不变更我的想法。并且,我还使人快乐,这样我总是获得成就。我相信,一个人如果经常向着光明和快乐的一面看,就一定可以获得成功。"

在这个世界上。没有绝对的幸运儿,更没有完全的倒霉鬼。你有这样的不幸,他也有那样的烦心事,别人有那样的好机会,你也会有这样的好运气。所以,千万别把自己想得那么悲惨,更不要把自己缠绕进自己编织的网中挣扎不出来。

第七章
摒弃抱怨,展露笑容

善待自己最好的方法就是宽恕别人,一个淡定的人是懂得宽恕别人过错的人。淡定的人总是敞开胸怀,不计前嫌,放下恩怨,与人和气相处,然后把心思集中在自己所要做的大事上。

生气不如争气，何必自己气自己

俗话说，生气不如争气，对自己好一点，何必自己气自己呢？多生气不如多长志气。人生在世，很难事事顺心，所以，生气总是难免的。不过，偶尔生点气，气消之后很快恢复常态，对健康并没有大的妨碍。但是一个人如果经常生闲气、闷气、怨气，对身体健康的危害就大了。

闷气对身心健康的影响是最大的。那什么是闷气呢？闷气就是不发出来而强憋在心里的气。研究证明，这种气对身体的危害极大。生气对健康的危害程度主要取决于气的强度和持续时间的长短。闷气憋在心里，不向外发泄，一般持续的时间都比较长。这种"气"压在心头久久不散，就会导致食不甘味，睡不坦然，机体的抗病能力也就随之下降了。这对健康是极为有害的。

我们应该明白，气憋在心里，一般都是越憋越重，越重越憋，于是就达到了人体难以承受的程度。如果在这个时候再骤然发泄，就会如同山洪暴发，这就是我们常说的大发雷霆，也就是盛怒。盛怒对身心造成的伤害是无法估量的。

值得一提的是，两个最亲或关系最密切的人同时相互生闷气，这是最可怕的。他们谁也不服输，谁也不先开口，这对他们的身心健康和相互的关系所造成的严重损害，是令人难以想象的。比如夫妻之间经常生闷气，不仅身心健康受到损害，夫妻关系也会日益紧张，隔阂加深，相互感情受到伤害，甚至会招致严重的后果。

那么哪些人好生闷气呢？调查表明，性格内向或孤僻的人以及平时很少与人交际、朋友甚少、不愿意与亲友同事谈心的人，都是比较好生闷气的。这种人更应该重视克服自己性格、修养上的弱点。当然，改变性格虽不是一件容易的事，但是也不是绝对办不到的。我们应该多参加一些有益于身心健康的社会活动，走出狭小的天地，多结交一些朋友，培养一两项业余爱好，经常参加文娱和体育活动，这些活动都可以逐步优化自己的性格，开阔自己的心胸。特别是要逐步养成与熟人、朋友、同事谈心、聊天的习惯，心里有不痛快的东西就及时向外宣泄。

在这方面，亲友和同事的帮助是尤其重要的。当我们发现身边的亲友有气憋着、闷在心里的时候，就应该想方设法引导他们把心里话说出来，可以达到"一吐为快"的效果。

其次，生闲气对我们的日常生活和工作的情绪影响最大，它会导致你每天都没有好心情。

那么什么又是闲气呢？简单地说，闲气就是由生活琐事引起的不该生的气。调查资料表明，生闲气的对象大多是生气者的家庭成员或身边的同事，有些人在外人面前表现得和和气气、温文尔雅，而在家人、朋友，特别是在配偶面前却很容易发脾气，这样就会把负面情绪转嫁给别人，使别人的身心受损。所以，何必和自己的家庭成员或同事生闲气呢？

闲气对人有三种害处：一害身体，二害事业，三害他人。一个人生闲气的时候，心就不痛快，心情就会感到压抑或烦躁。如果对这些消极情绪，任其发展或反复发生，就必然会影响人体的正常生理功能，就会导致心态失去平衡，免疫功能下降，各种各样的疾病就会产生。

而且，消极情绪不仅仅会影响工作和学习的效率，还会严重影响自己的人际关系，破坏自己与上下级和同事之间的正常关系，对人生与事业的成功，就有很强的杀伤力。

最后，当一个人在生气的时候，就很容易冲动而出言不逊，态度恶劣，粗暴地对待他人，因而就很容易伤害他人。

生闲气的人一般有四种：第一种是所谓闲得无聊者，而又私心过重，因此遇事就斤斤计较，导致心情不佳。第二种是所谓胸无大志者，度量又小，疑心大。第三种是所谓"吹毛求疵"的人，就是对他人要求过高，故意挑剔别人的小毛病，很会宽容自己而严厉对待别人。第四种就是那些工作或生活失意，或者遭受挫折的人。很明显，很多闲气都是因为生活小事而产生的，在日常生活中，不尽如人意的事儿是经常发生的。就拿在家里吃饭来说吧，菜很可能做得咸一些或淡一些，不大合自己的口味儿。一个大气的人，菜咸了少吃些，淡了就放点盐，同样吃得香。而对于小气的人，就会觉得菜不可口，心里不痛快。显然，这种人是把那些微不足道的小事儿给夸大了。所以，不客气地说，闲气大多是自找的！

生闲气的人要想改掉这个坏毛病关键在于不断完善自己，胸怀大志，心想大事，天天有事做，就不会计较琐事而生闲气了。而且，他们还应加强修养，宽厚待人，变责人严为责己严，这样就不会看谁都不顺眼而生闲气了。

第三，我们还要避免的就是心生怨气。怨气就是抱怨或怨恨之气，很多时候都是因为自认遭遇不公正的待遇而产生的。生怨气的对象一般都是自己的上级或其他有权势的人。经常生怨气是半点好处也没有的。事实证明，靠生怨气是什么问题也解决不了，而且还有损于健康的。一个人心中装满了怨气，就会今天怪这个，明天怨那个，自己的左右周围都是敌人。如果让这种消极情绪经常困扰着自己，就会破坏自身的心态平衡，涣散自己的意志和进取心，进而还会引起机体生理功能的降低或紊乱。

所以，为了我们的身心健康，一定要保持淡定，要做到遇事不生气！

为了我们的身心健康，一定要保持淡定，要做到遇事不生气！

心存报复，就是在自我折磨

当一个人受到无辜伤害或被他人欺侮时，你是以牙还牙呢，还是宽恕忍让呢？

我们从印度伟大文学家泰戈尔的《画家的报复》一文中，会找到很有说服力的答案。

一位画家在集市上卖画，不远处，前呼后拥地走来一位大臣的孩子，这位大臣在年轻时曾经把画家的父亲欺诈得心碎地死去。这孩子在画家的作品前流连忘返，并且选中了一幅，画家却匆匆地用一块布把它遮盖住，并声称这幅画不卖。

从此以后，这孩子因为心病而变得憔悴，最后，他父亲出面了，表示愿意付出一笔高价。可是，画家宁愿把这幅画挂在自己画室的墙上，也不愿意出售。他阴沉着脸坐在画前，自言自语地说："这就是我的报复。"

每天早晨，画家都要画一幅他信奉的神像，这是他表示信仰的唯一方式。可是现在，他觉得这些神像与他以前画的神像日渐相异。这使他苦恼不已，他不停地找原因。然而有一天，他惊恐地丢下手中的画，跳了起来：他刚画好的神像的眼睛，竟然是那大臣的眼睛，而嘴唇也是那么的酷似。

他把画撕碎，并且高喊："我的报复已经回报到我的头上来了！"

这个故事告诉我们，一个人若心存报复，自己所受的伤害会比对方更大。报复会把一个好端端的人驱向疯狂的边缘，报复还能把无罪推向有罪。据有关方面介绍，现在有很多的刑事案件就是因报复而引起的。

许多心理学专家研究证实，报复心理非常有碍健康，高血压、心脏病、胃溃疡等疾病就是长期积怨和过度紧张造成的。有一位好莱坞的女演员，失恋后，怨恨和报复心使她的面孔变得僵硬而多皱，她去找一位最有名的化妆师为她美容。这位化妆师深知她的心理状态，中肯地告诉她："你如果不消除心中的怨和恨，我敢说全世界任何美容师也无法美化你的容貌。"

看来，心存报复不会给我们带来任何好处。相反，如果用一颗宽宏博大的心处理人事，那么你得到的好处会比报复的一时痛快更使人快乐。

美国竞选，对手之间相互攻讦，甚至败坏对手的名声，但一些人仍可在对手所组内阁中担任重要职务，对做人处事不能不说是一种启示。能够与你成为对手的人，必定有着与你能够分庭抗礼的能力和实力，你能原谅你的仇人，将你的仇人招至麾下，为你效力，不是会更利于实现你的目标吗？

由林肯委任而居于高位的人，很多都是曾批评或者羞辱过他的政治对手，由此林肯统一了美国南北。

可是，如果你用报复和仇视对待对手，你会招致一个什么样的局面呢？你将使你的敌手更坚定地站在你的对立面，去阻挠、破坏你的行动，破坏你创造的一切成果。而你，也会因为心中充斥报复的愤怒无暇他顾，你的理想和目标又如何能实现呢？

"如果有可能的话，不应该对任何人有怨恨的心理。"德国哲学家叔本华如是说。是的，报复对人的生活而言是没有多大益处的，它一般只会让人产生更多的痛苦而去扰乱快乐平静的日子。

然而，报复的产生并不是那么简单的。就最宽泛的意义而言，报复是人的一种天性。一旦蒙受羞辱和损害，人的报复之心油然而生。

从个人而言，受到了奇耻大辱、受到了严重伤害之后，除了懦夫、除了窝囊废和无能之辈，有几人不生报复之念？世上有几人能够做到以德报怨？所罗门说："不报宿怨乃是人的光荣"，世上能有几个这样"光荣"的人呢？

正因为报复心理这么容易产生，我们就更应当加以控制，否则报复行为就可能蔓延，反而给自己造成伤害。

所以，你必须记住，当你受到侮辱和损害，冒犯者达到了应受法律惩罚的程度，你产生报复意念没有什么错，可是必须诉诸法律，借助法律来为你"报仇"才行。如果私相报仇，那你就是无视法律、否定法律了。

这里也许需要一种忍耐，不能立即直接发泄你的仇恨。然而，这种忍耐就是文明。失去了这种文明，直接的私相报复行为往往容易触犯法律，你会同样遭到刑法的惩罚。这样你就会让冒犯你的人占到两次便宜：一是他冒犯了你。二是你因直接向他报复而受到法律惩罚。

当我们产生报复意念的时候，更值得自我追问的是：对方对我的损害果真达到了需要报复的程度吗？有足够的报复理由和报复价值吗？

生活中鸡毛蒜皮的口角摩擦，无意的或误会式的碰撞、损伤，或工作中正当的或不恰当的批评指责，或某种利害关系的分歧等等，都不足以让你耿耿于怀。遇到诸如此类的事情，唯有宽宏大度，原谅对方才是智者的处世方式。大度容人乃君子之道。

时间是冲淡宿怨的最强大的力量，时间甚至可以把仇敌化为朋友。我们本来生活在现在，面向着未来，而过去的一切——包括种种的怨怨仇仇都随时间的流逝而永远地过去了。所以我们没有必要念念不忘过去那些不愉快，没有必要总是在那里处心积虑伺机向谁报复一件什么事情，这样只会伤我们自己的心。我们可以让曾经伤害过我们的人去自我忏悔（或许他有一天因良心发现而引起心灵的不安和沮丧），而不该为过去的不愉快而自我折磨，让自己失去快乐生活的能力。

当然，如果你心性高雅，而且在才华、能力、声誉诸方面都明显地高于伤害你的人，那么，你对任何人都将恨不起来。你会因为太珍爱自己而顾不上去恨任何人——包括伤害过你的人，以至那报复意念无从产生。

生活中鸡毛蒜皮的口角摩擦，无意的或误会式的碰撞、损伤，或工作中正当的或不恰当的批评指责，或某种利害关系的分歧等等，都不足以让你耿耿于怀。遇到诸如此类的事情，唯有宽宏大度，原谅对方才是智者的处世方式。大度容人乃君子之道。

不要纠结于非原则的小事

怎样做人是一门学问，甚至是一门用毕生精力也未必能勘破个中因果的大学问，多少不甘寂寞的人穷究原委，试图领悟人生真谛，塑造辉煌的人生。然而人生的复杂性使人们不可能在有限的时间里洞明人生的全部内涵，但人们对人生的理解和感悟总会在某些事件上得到启迪。比如：处事不能太较真便是其中一理，这正是有人活得自在，有人活得累的原因之所在。

做人固然不能玩世不恭，游戏人生，但也不能太较真，认死理。太认真了，就会对什么都看不惯，连一个朋友都容不下，把自己同社会隔绝开。镜子很平，但在高倍放大镜下，就成了凹凸不平的山峦；肉眼看很干净的东西，拿到显微镜下，满目都是细菌。试想，如果我们"戴"着放大镜、显微镜生活，恐怕连饭都不敢吃了；如果用放大镜去看别人的缺点，恐怕每个人都罪不可赦、无药可救了。

人非圣贤，孰能无过。与人相处就要互相谅解，经常以"难得糊涂"自勉，求大同存小异，有度量，自甚容人，你就会有许多朋友，且左右逢源，诸事遂愿；相反，"明察秋毫"，眼里不揉半粒沙子，过分挑剔，什么鸡毛蒜皮的小事都要论个是非曲直，容不得人，人家也会躲你远远的，最后你只能关起门来"称孤道寡"，成为使人避之唯恐不及的异己之徒。

古今中外，凡是能成大事的人都具有一种优秀的品质，就是能容人所不能容，忍人所不能忍，善于求大同存小异，团结大多数人。他们胸怀豁达而不拘小节，大处着眼而不会鼠目寸光，并且从不斤斤计较，纠缠于非原则的琐事，所以他们才能成大事、立大业，使自己成为不平凡的伟人。

但是，如果要一个人真正做到不较真、能容人，也不是简单的事，首先需要有良好的修养、善解人意的思维方法，并且需要从对方的角度设身处地地考虑和处理问题，多一些体谅和理解，就会多一些宽容、多一些和谐、多一些友谊。比如，有些人一旦做了官，便容不得下属的缺点，动则捶胸顿足，横眉竖目，使属下畏之如虎，时间久了，必积怨成仇。想一想天下的事并不是你一人所能包揽的，何必因一点点毛病便与人生气呢？可如若调换一下位置，挨训的人也许就理解了上司的急躁情绪。

有位同事总抱怨他们家附近副食店卖酱油的售货员态度不好，像谁欠了她二百吊似的，后来同事的妻子打听到了女售货员的遭遇：丈夫有外遇离了婚，老母瘫痪在床，上小学的女儿患哮喘病，她每月只能开两三百元工资，住一间 12 平方米的平房。难怪她一天到晚愁眉不展。这位同事从此再不计较她的态度了，甚至还想帮她一把，为她做些力所能及的事。

在公共场所遇到不顺心的事，实在不值得生气。素不相识的人冒犯你肯定是有原因的，只要不是侮辱了人格，我们就应宽大为怀，不以为意，或以柔克刚，晓之以理。总之，不能和这位与你原本无仇无怨的人瞪着眼睛较劲。假如对方很粗鲁，你一较真，就等于把自己降低到对方的水平，岂不很没面子？

清官难断家务事，在家里更不要较真，否则更是愚不可及。家庭成员之间哪有什么原则、立场的大是大非问题，都是一家人，非要分出个对和错来，又有什么用呢？人们在单位、在社会上充当着各种各样的角色，如恪尽职守的国家公务员，精明体面的商人，或是企业职工，但一回到家里，脱去西装革履，也就是脱掉了你所扮演的这一角色的"行头"，即社会对这一角色的规矩和种种要求、束缚，还原了你的本来面目，使你尽可能地享受天伦之乐。假若你在家里还跟在社会上一样认真、一样循规蹈矩，每说一句话、做一件事还要考虑对错、妥否，顾忌影响、后果，掂量再三，那不仅可笑，并且也太累了。在这方面，头脑一定要清楚，在家里你就是丈夫、就是妻子。所以，处理家庭琐事要采取"绥靖"政策，安抚为主，大事化小，小事化了，和稀泥，当个笑口常开的和事佬。

具体说来，作为丈夫，要宽厚，在钱物方面睁一只眼、闭一只眼，越马马虎虎越得人心，妻子给娘家偏点心眼，是人之常情，你就别计较，那才能显出男子汉宽宏大量的风度。作为妻子，对丈夫的懒惰等种种难以容忍的缺点，也应采取宽容的态度，切忌唠叨起来没完，嫌他这、嫌他那，也不要偶尔丈夫回来晚了或有女士来电话，就给脸色看。看得越紧，逆反心理越强。你对丈夫太"认真"了，让他感到是戴着枷锁过日子，进而对你产生厌倦，那才真正会发生危机。家里是避风的港湾，应该是温馨和谐的，千万别把它演变成充满火药味的战场。

有位智者说，大街上有人骂他，他连头都不回，他根本不想知道骂他的人是谁。因为人生如此短暂和宝贵，要做的事情太多，何必为这种令人不愉快的事情浪费时间呢？这位先生的确修炼得颇有涵养了，知道该干什么和不该干什么，知道什么事情应该认真，什么事情可以不屑一顾。要真正做到这一点是很不容易的，需要经过长期的磨炼。如果我们确定了哪些事情可以不认真，可以敷衍了事，我们就能腾出时间和精力，全力以赴认真地去做该做的事，我们成功的机会和希望就会大大增加；与此同时，由于我们变得宽宏大量，人们就会乐于同我们交往，我们的朋友就会越来越多。事业的成功伴随着社交的成功，应该是人生的一大幸事。

镜子很平，但在高倍放大镜下，就成了凹凸不平的山峦；肉眼看很干净的东西，拿到显微镜下，满目都是细菌。试想，如果我们"戴"着放大镜、显微镜生活，恐怕连饭都不敢吃了；如果用放大镜去看别人的缺点，恐怕每个人都罪不可赦、无药可救了。

释怨比施恩更重要

"海纳百川，有容乃大"，这是林则徐题于书室的一副自勉联，他告诫我们，做人要有博大的胸襟。人的胸怀若能像大海一样博大，容得下万事万物，那么还有什么能震动我们的心，让我们不自在呢？然而，就是有人不能宽容地面对生活中的一些事情，比如，谁曾在过去招惹过我，谁又曾在某时让我下不来台，将来找机会一定要好好整他一顿，出口恶气。这样的想法越来越多，怨恨便由此产生。

"怨恨"是侵入人内心的最不易清除的毒素，它足以将一个人的生活搅乱，甚至搅乱更多人的生活。对于这种伤人伤己的情绪，我们必须有清醒的认识，必须及时控制乃至消灭掉它。其实，"怨气"并不来源于别人，正是自己催生的。可以想象，倘若在某个时候得到机会去整别人，势必会引起新的怨隙，这于人于己，都是有害无益的事。

"君子报仇，十年不晚"这种偏激狭隘的话，不仅能误导人的精神言行，而且会改变一个人的一生。倘若付诸行动，则有可能产生毁己害人的恶果。聪明善良的人，无论从哪种角度出发，都不会采取这种不明智的做法。

班超一行在西域联络了很多国家与汉朝和好，但龟兹恃强不从。

班超便去结交乌孙国。乌孙国王派使者到长安来访问,受到汉朝友好的接待。使者告别返回,汉章帝派卫侯李邑携带不少礼品同行护送。

李邑等人经天山南麓来到于阗,传来龟兹攻打疏勒的消息。李邑害怕,不敢前进,于是上书朝廷,中伤班超只顾在外享福,拥妻抱子,不思中原,还说班超联络乌孙,牵制龟兹的计划根本行不通。

班超知道了李邑从中作梗,叹息说:"我不是曾参,被人家说了坏话,恐怕难免见疑。"他便给朝廷上书申明情由。

汉章帝相信班超的忠诚,下诏责备李邑说:"即使班超拥妻抱子,不思中原,难道跟随他的一千多人都不想回家吗?"诏书命令李邑与班超会合,并受班超的节制。汉章帝又诏令班超收留李邑,与他共事。

李邑接到诏书,无可奈何地去疏勒见了班超。

班超不计前嫌,很好地接待李邑。他改派别人护送乌孙的使者回国,还劝乌孙王派王子去洛阳朝见汉帝。乌孙国王子启程时,班超打算派李邑陪同前往。

有人对班超说:"过去李邑毁谤将军,破坏将军的名誉。这时正可以奉诏把他留下,另派别人执行护遥任务,您怎么反倒放他回去呢?"

班超说:"如果把李邑扣下的话,那就气量太小了。正因为他曾经说过我的坏话,所以让他回去。只要一心为朝廷出力,就不怕人说坏话。如果为了自己一时痛快,公报私仇,把他扣留,那就不是忠臣的行为。"

李邑知道后,对班超十分感激,从此尽心竭力地辅佐他。

中国历史上,李世民在一定意义上也是依靠"不念人旧恶",才得到众臣的鼎力相助,从而开创了唐代盛世的。如李靖曾在隋朝隋炀帝时代任郡丞。而且他最早发现李渊即李世民的父亲有图谋天下之意,并亲自向隋炀帝检举揭发。李渊灭隋后,要杀李靖,李世民却极为反对,再三恳求父亲说,目前正用人之际,不可念旧恶而滥杀将才;只要李靖甘心归顺,可免除一死。李靖的性命终于保住了。李靖有感于李世民的厚德，竭尽全力，为唐王朝的安邦定国驰骋疆场，立下了赫赫战功。在唐朝王室争权中，魏征原来是辅佐李渊的长子，太子李建成的。魏征早就察觉到李世民不是等闲之辈，不会甘心屈居秦王之爵，为巩固太子的地位，以便日后顺利继位，曾鼓动太子建成杀掉李世民。这件事李世民耳闻已久，但玄武门政变夺取帝位后，同样不计旧恶，量才重用，使魏征觉得"喜逢知己为主，竭其力用"，为唐朝盛世的开创立下了丰功伟绩。

除以上两人之外，李世民还对许多与他有过冲突的人不计旧怨，一概量才录用，因而成为历史上深受臣民拥护的君主。

明末文人洪应明在其所著《菜根谭》中说："邀千百人之欢，不如释一人之怨。"这是说，释怨比施恩更重要。事实确实如此，"一人之怨"不及时化解，会影响许多人，甚至会坏了大事。春秋时，宋郑两国交战。宋军主帅华元宰羊犒赏三军，在分羊肉时忘了为华元驾驶战车的羊斟，羊斟因此怨恨华元，华元没有觉察，更谈不上及时做释怨的工作。作战时，羊斟便把华元的战车驾到郑军阵地里，使华元当了俘虏。华元本来想犒赏三军以提高士气，但处事不细反而结怨于羊斟；而羊斟气量又小，导致兵败被俘的后果。

不去怨恨别人，也尽量去化解别人对自己的怨恨，这是同等重要的事。心胸狭窄怨气占的比例就大，心胸宽广怨气就显得微不足道了，所以，无论什么时候，把心胸放宽，释人之怨，化己之怨，于人于己都是有益的事。

无论什么时候，把心胸放宽，释人之怨，化己之怨，于人于己都是有益的事。

痛苦只是眼里的一粒尘埃

在 20 世纪 60 年代初期,美国化妆品行业的"皇后"玛丽·凯把她一辈子积蓄下来的 5000 美元作为全部资本,创办了玛丽·凯化妆品公司。

为了支持母亲实现"狂热"的理想,两个儿子也"跳往助之",辞去了较好的工作,加入到母亲创办的公司中来,宁愿只拿 250 美元的月薪。玛丽·凯知道,这是背水一战,是在进行一次人生中的大冒险,弄不好,不仅自己一辈子辛辛苦苦的积蓄将血本无归,而且还可能葬送两个儿子的前程。

在创建公司后的第一次展销会上,她隆重推出了一系列功效奇特的护肤品,按照原来的计划,这次活动会引起轰动,一举成功。可是,"人算不如天算",整个展销会下来,她的公司只卖出去 15 美元的护肤品。

在残酷的事实面前玛丽·凯不禁失声痛哭,而在哭过之后,她反复地问自己:"玛丽·凯,你究竟错在哪里?"

经过认真的分析,她及时调整了自己的心态,坦然地接受了这一切。最后终于悟出了一点:在展销会上,她的公司从来没有主动请别人来订货,也没有向外发订单,而是希望女人们自己上门来买东西……难怪在展销会上落到如此的后果。

于是她从第一次失败中站了起来。在抓生产管理的同时,加强了销售队伍的建设……

后来,玛丽·凯化妆品公司发展到现在的 5000 人,并成为一个国际性的公司，拥有一支 20 万人的推销队伍，年销售额超过 3 亿美元。

　　已经步入晚年的玛丽·凯能创造如此的奇迹，并不是上天的怜悯，而是因为她面对挫折时，坦然地面对一切，想出办法并着手开始自己的行动，最后获得了巨大的成功。你应该常常扪心自问，在除了自己的生命以外，一切都已丧失了以后，你的生命中还剩余什么？即在遭受失败以后，你还有多大勇气？假使你在失败之后，从此一蹶不振，放手不干而自甘永久屈服，那么别人可以断定，你根本算不上什么人物；但假如你能雄心不减、大步向前，不失望、不放弃，则人家可能知道，你的人格之高、勇气之大，是可以超过你的损失、灾祸与失败的。

　　无论你做了多少准备，有一点是不容置疑的：当你进行新的尝试时，你可能犯错误，不管你是作家，你是运动员，还是企业家，只要不断对自己提出更高的要求，都难免失败。但失败并非罪过，重要的是要从中吸取教训。

　　在社会竞争激烈的今天。挫折无处不在，若一时受挫而放大痛苦，将会终身遗憾。遭遇挫折就当它是一阵清风，让它在你耳旁轻轻吹过；遭遇挫折，就当它是一阵微不足道的小浪，不要让它在你心中激起惊涛骇浪；遭遇挫折，就当痛苦是你眼中的一粒尘埃，眨一眨眼，流一滴泪，就足以将它淹没。遭遇挫折，不应放大痛苦。擦一擦身上的汗，拭一拭眼中的泪，继续前进吧！

　　人的一生总不可能一帆风顺，遇到挫折和困难是难免的，你不可能一直处于顺境，一直处于辉煌，当你人生走到了"山"的顶峰必然会走下坡路。这时，坦然面对、心态平稳，用坦然迎接不幸对我们是最重要的。

第八章
大肚能容，豁达做人

"有容乃大，无欲则刚"，包容是一种非凡的气度，是一种宽广的胸怀，是一种充满仁爱的无私境界，它是我们中华民族的传统美德，是做人应有的高贵品质。

有胸襟、有涵养的人才能淡定自若

包容大度是看得开的人一种绝佳的淡定,蕴含着温暖的凝聚力,显示了非凡的气量,散发出仁爱的光芒。生活中,一些人留给别人的印象往往是苛刻的,其实,你应该学习以平和包容的心去面对生活,因为有胸襟、有涵养的人才能淡定自若。包容是人的一种生存智慧,是看透了社会人生以后所获得的从容、自信、超然和大度。

我们来到这个世界上有两大使命:一是丰富世界;二是完善世界。用包容这个武器,可以化解这世界上的一切矛盾。不懂得包容的人需要先从自身找原因。

在社会生活中,尤其是面对亲情、友情、爱情时,人难免会遇到意见相左、矛盾激化的事情,若没有冒犯到自己的原则,你不妨包容对待、不计得失、以心换心。亲人之间,包容大度会让人倍觉温馨祥和、温情脉脉;朋友之间,包容大度能弥合双方的矛盾,沉淀心底的珍惜;爱人之间,包容大度能消除不和谐的画面,让爱变得甜蜜、长久。人是生活在天堂、还是地狱,全在自己,若你具备包容的心就会永远在天堂,享受如沐春风的人间温情。

电视剧《京华烟云》中的姚木兰就是用一颗包容之心,改变了生活,收获了幸福。

木兰本来有一位情投意合的意中人,但阴差阳错,她不得不离开心爱的人,代妹出嫁,嫁给了她不爱、也不爱她的曾荪亚。在木兰的心里，既然入了洞房，成了夫妻也算是缘分，就要好好珍惜，在婚姻里培养感情。但荪亚是一个极具叛逆性格的人，他不喜欢被人管教，也不接受这桩婚姻，他爱上了小鸟依人般的曹丽华。木兰得知之后，没有大吵大闹，反而找到曹丽华，和她谈话，以自己的包容大度使曹丽华心生愧疚；为了搭救落难的曹丽华，木兰甚至忍辱向京城恶少深鞠一躬，要知道，她救得可是自己丈夫的情人！不仅如此，她还和丈夫一起把身子孱弱的曹丽华接回家里照料，这无异于引狼入室，聪明的木兰岂能不知？但她更知道，自己的丈夫现在就像一个任性的、被人宠坏的孩子，自己不这么做，只会使他更快地离开自己。

木兰在等待，等待丈夫明白作为男人应负的责任，木兰是在以一个女人极大的善良和忍耐力在包容自己的丈夫和自己的情敌。她心里不苦吗？苦！在一个风雨交加的夜晚，荪亚担心曹丽华害怕，偷偷地跑去陪她，他走之后，装睡的木兰痛哭失声。即便如此，在曾家人准备趁荪亚出国留学不在家，强迫曹丽华嫁人时，是木兰及时帮助她逃了出去。木兰的所作所为，不仅是在挽回丈夫的心、挽救自己的婚姻，而且是她包容善良的人格促使她去帮助一切需要帮助的人。

木兰的努力没有白费，生活的种种磨难终于使荪亚成熟了，他真正认识到了"这么多年，躺在我身边的，才是最值得我珍爱的宝贝。"

包容大度是看得开的人一种绝佳的淡定，蕴含着温暖的凝聚力，显示了非凡的气量，散发出仁爱的光芒。

人生万象，无不充满了对立、矛盾，如何寻求两者间的协调，达至和谐呢？这就需要我们扩大自己的胸襟和容人之道，不要以狭隘的眼光去看待人和事、无理取闹、过分苛责，而是用宽大、通达的心和眼光来细细打量，真实地感知生活，享受生命的美好。

包容大度是涵盖万物、宏观处世的人生态度，是良好修养、高雅风度的体现，是仁慈善良、超凡脱俗的生动演绎，如此面对生活、人生，你才能拥有平静从容的心，活得更轻松、洒脱。

让我们多一点理解,少一点猜疑;多一点理智,少一点偏执;多一点安慰,少一点埋怨。请相信,用包容的胸襟看待他人,就是用包容的胸襟接纳我们自己,多一点对他人的大度,我们的生命中就多了一点空间,我们就会多一份快乐,拥有更和谐的氛围、更长久的幸福!

心开路就开

常常听到身边的人感叹:"认识的人中或腰缠万贯,日进斗金。或功成名就,衣锦还乡。或平步青云,身居高位。或春风得意,家庭美满。可是自己呢?从政,敌不过官场的钩心斗角;经商,敌不过商场的尔虞我诈。如今,我一事无成,一无所有。天下之大,竟没有我容身之处。有时候甚至想,也许死去比活着更好。"心有千千结,就是因为杂念太多,徒生烦恼。

在动乱的年代,有一位战功卓著的老同志被关进了监狱。他的牢房非常地狭小,人在里面甚至不能自由地活动。老同志内心充满愤怒与不平,倍感委屈和难过。认为住在这么小的房间,简直是人间炼狱。他每天就这样怨天尤人,不停地抱怨。

有一天,这个小牢房飞进一只苍蝇,到处乱飞乱撞,还嗡嗡地叫个不停。他心想:已经够烦了,又加上这个讨厌的家伙,实在无法忍受。我一定要捉到你不可。他小心翼翼地捕捉,无奈苍蝇比他更机灵。当他快要捕捉到的时候,它就轻盈地飞走了。苍蝇飞到东边,他就扑向东边;苍蝇飞到西边,他就扑向西边,捉了很久,就是不能捉到它。他这才明白,原来这房间也不小啊,居然连一只苍蝇也捉不到。老同志终于悟出一个道理：原来心中有事世间小，心中无事一床宽啊！

身外的世界大小并不重要，重要的是我们自己的内心世界。一个胸襟宽阔的人，纵然住在一个小小的牢房里，也可以把小牢房变成大千世界。如果是一个心胸狭窄、不满现实的人，即使住在摩天大楼，也会感到事不如意。我们每一个人不要计较环境的好与坏，不要计较利益的得与失，不要计较感情的假与真，只要你曾经真正地努力过，真诚地付出过，让自己的内心更宽容，心里放得下天地，盛得下是非，就会心底无事天地宽啊！

清朝康熙年间有位大学士叫张英，当他在京城做官的时候，他的家人还住在老家安徽桐城县。张家是当朝显贵，但他们的邻居吴氏也非一般平头百姓，在桐城县也是出了名的富贵人家。由于当时两家宅院紧邻，出入不方便，张家就把自己的院墙向里挪了一点，在两家中间留出一条缝隙做通道。后来有一天吴家要建房子，就想占用这条通道，张家自然不同意，于是两家就争执起来。

张家觉得自己有理，吴家觉得张家仗势欺人，两家互不相让，吴家一气之下就把张家告到了县衙里面。县令一看，一家是朝廷显贵，一家是当地望族，谁也不敢得罪，真是左右为难，所以就迟迟没有判决。

张家的人觉得自己是有道理的一方，应该打赢官司。于是就写了一封信，派人快速送往京城，向张英告状。张英当时是文华殿大学士，相当于宰相之职。就算他的家人没理，他给那个县官写一封信，让他袒护自己的家人，那也是小事一桩，更何况张家原本就是有理的。

但张英没有那样做，他觉得不值得为一堵墙争执。于是提笔给家人写了一封回信，信中写道："千里修书为一墙，让他三尺又何妨。长城万里今犹在，不见当年秦始皇。"意思是说："千里迢迢写一封信来，就是为了争一堵墙的地方。你们看看，那万里长城到现在都在那里，但是谁还能看到秦始皇呢。"意思是劝家人不要为这点小事争执。

家里人收到张英的书信,感到很惭愧,马上把自己家的墙向里移了3尺。吴家看到张家人这样宽宏大量,既感动又惭愧,于是也效仿张家把墙向后退让3尺。于是,在张吴两家中间就形成了一条6尺宽的巷道,一时间传为美谈,后人就把这条巷子称为"6尺巷"。这条巷子至今还在,已经成为当地的一个旅游景点了。

豁达大度,多一份理解和谦让,就会减少很多不必要的纷争和麻烦。做人其实就是这样,心宽了,路才会宽。

心中有事世界小,心中无事天地宽。面对人生的烦恼挫折,请懂得自寻安慰,那么任何困难都会成为手下败将,快乐将永远伴随身旁。

待人宽一分,利人方利己

对宽容的解释,《现代汉语词典》中是:"宽大有气量,不计较或追究。"《辞海》:"宽恕能容人。"《辞源》中是:"宽厚能容人。"西晋文学家潘岳在《西征赋》中写道:"乾坤以有亲可久,君子以厚德载物。"宽容是一种非凡的气度、宽广的胸怀,是对人对事的包容和接纳。宽容是"海纳百川,有容乃大",宽容是"渡尽劫波兄弟在,相逢一笑泯恩仇"。

凡人碌碌在世,难免会有缺点,会犯过错。很多的时候,对于别人的缺失或过错,我们不该求全责备,过分苛察,而需要以宽容之心待之。犯错的人就好比黑暗中的飞虫,我们不应该只想着消灭它们,而应该设法给它提供一个投奔光明的方向。

战国时期,楚庄王亲率大军出战,大获全胜后设宴庆功,席间忽然刮来一阵大风,所有蜡烛都被吹灭。黑暗中,有人趁机拉住了许姬的衣服,许姬不便声张,挣扎中扯掉那人帽上的缨带。之后许姬将此事禀告楚王,让他点灯查出掉了帽缨之人,以治其罪。庄王听罢沉思片刻,号令群臣全部解下缨带扔掉,然后才命人掌灯点烛,与众臣大醉方归。事隔数年,庄王出兵伐郑,伐战中被困。情状危急之际,一员骁将奋力杀出,舍命保驾,最终楚王得以化险为夷。楚王谢其救驾大功,这员骁将跪地曰:"我乃当年趁黑调戏许姬,被您下令绝缨脱罪,臣受大王再生之恩,虽肝胆涂地不足以报,何敢受赏?"

隋唐时期的李靖,曾任隋炀帝的郡丞,他发现李渊怀有图谋天下之意,便向炀帝检举,奏请防患于未然,杀掉李渊。后来李渊灭隋建唐,要杀李靖,李世民为他再三求情,得以保全性命。李靖感其恩德,后来驰骋疆场征战不疲,为唐王朝立下不朽功业。同朝魏征先前是太子李建成部下,曾力劝太子杀掉李世民以绝后患。后来李世民即位,非但没有报复魏征,反而量才重用。魏征则"喜逢知己之主,竭其力用",多次冒死进谏,力匡太宗政权,立下赫赫功绩。

李世民非常明白,对于昔日的敌人,打击报复只能为自己埋下更多的怨恨,树立更多的敌人;而如果量才重用,给他们以平等的待遇,不但能够感化其心,为我所用,更能够树立威望,得到更多人的拥戴。细过掩匿,忘人之过,是智者所为。

居家过日子,忙碌的工作中,人际交往因心情、观点、习惯、性格及教育等因素的影响,我们难免会与他人发生一些冲突和矛盾,这就需要人们分清性质,正确认识,学会宽容、原谅他人的错误和失误,做到善人、善事、善物。

宽容是力量和自信的标志。能宽容,就能得人心。夫妻间除了要有爱情有信任,还要有宽容,总是为小事斤斤计较,就不可能相处得和谐;朋友间没有了宽容就没有了友谊,因为宽容是友谊的题中之意;领导宽容,就可以使近者悦远者来,天下归心。

能宽容，就能发展壮大。曹操之所以能从仅有几个子弟兵，到剿灭北方群雄，占据中原，拥有百万大军，与他"山不厌高，水不厌深"的胸怀是分不开的——连仇人都能容而后用，还有什么人不能用呢？

智者能容。越是睿智的人，越是胸怀宽广，大度能容。因为他洞明世事、练达人情，看得深、想得开、放得下，也因为智者明白"处世让一步为高，退步即进步的根本；待人宽一分是福，利人是利己的根基。"

仁者能容。富有仁爱精神的人，也必是宽容的人。他心存恕道，"老吾老，以及人之老；幼吾幼，以及人之幼"，不苛求于己，也不苛求于人。所以，与刻薄多忌的人相比，宽容的人必多人缘、多快乐，自然也就多长寿了。

宽容是一种高贵的品质、崇高的境界，是精神的成熟、心灵的丰盈；宽容是一种仁爱的光芒、无上的福分，是对别人的释怀，也是对自己的善待；宽容是一种生存的智慧、生活的艺术，是看透社会人生以后所获得的那份从容、自信和超然；宽容是一种精神上的大彻大悟，是行为上的拿得起放得下。生活里有太多太多不如意的时候，需要我们用宽容的心境去对待。我们每个人都不可能独立走完自己的人生之路。只要别人的个性不直接伤害我们，为什么不多一点儿宽容呢？多一点儿对别人的宽容，其实，我们生命中就多了一点儿空间。宽容需要我们去学习、去体会、去感悟，需要拿出一点儿勇气和智慧去想、去做、去生活。宽容是宽松气氛的刻意营造，是不同主张的彼此交融。宽容是一种克制和度量，是一种大境界。黎巴嫩的大诗人纪伯伦说："一个伟大的人有两颗心：一颗心流血，一颗心宽容。"也许你会说，宽容说起来容易做起来难。是啊，宽容绝不是先天的禀性，而是后天的教化。

有一种智慧叫宽容，有一种幸福叫珍惜，生命的坦然在于学会宽容，生活的充实在于学会珍惜！

宽容对于个人来说，是一种境界，没有宽容的思想和精神就难以造就伟大的人格；对于社会来说，是一种文明和进步。一个健康的、文明的、和谐的社会，必然是宽容的，它为每一个人的自由发展和创造提供条件。

包容是一种参透人生的淡定

"海纳百川，有容乃大。"所以，包容是一种素养，是一种姿态，是一种境界，更是一种美德。而这种美德绝不是与生俱来，必须靠长期真诚地修炼来获取。

对于我们世间的每一个人来说，功名、利禄、荣辱、爱恨、死亡、恐惧、成败、苦乐、祸福等，我们不能否认，这些东西存在于自己心中的时候，往往也会成为自己内在的渴望超越自我的一种原动力，但是，人一旦执著于此，往往又会成为自己前进路上的一个沉重的包袱。

心灵的房间，不打扫就会落满灰尘。蒙尘的心，会变得灰色和迷茫。我们每天都要经历很多事情，开心的，不开心的，都在心里安家落户。心里的事情一多，就会变得杂乱无序，然后心也跟着乱起来。有些痛苦的情绪和不愉快的记忆，如果充斥在心里，就会使人委靡不振。所以，扫地除尘，能够使黯然的心变得亮堂；把事情理清楚，才能告别烦乱；把一些无谓的担忧、痛苦扔掉，内心就有了更多更大的空间。

以一颗包容的心去看待一切，我们才能放下自己多余的欲望和冲动，去掉心中之执著，才能在纷繁复杂的情势中廓清迷雾，认清前进的路径，以一种优游自在的心态处理当下的要务，使精神恬然自足而不至于患得患失。

对一个人来说，个人的管理包括个人心性修养、日常生活、学习成长和职业生涯的管理，借由"放下"而得到优化和升华，人的生存境界随之获得提升。

在这瞬息万变的社会中，世界上的一切都充满了成功的机遇，同时也充满了失败的可能。只有在每一次失败后都有所领悟、有所提高，失败才能够成为成功的垫脚石，人们才能够化消极为积极、从自卑过渡到自信、从失意走向如意。

一位战功赫赫的将军收藏了一樽杯子，时常把玩，爱不释手。一次不小心杯子从手里掉了下来，尽管将军身手敏捷地接住了杯子，但也惊出一身冷汗。

这时将军忽然惭愧起来：我于千军万马之中纵横决荡，生死以之，未尝如此胆战心惊，而今为杯子担惊受怕，无非太爱惜这只杯子罢了。于是他豁然开良朗，断然将杯子扔掉了。此后，将军不再为杯子担心。

包容为怀是解决问题的最好途径。待到你的勇敢战胜了一个个困难，你的慎重一再避免了失误，你的真情融化了别人心头的坚冰，你的让步给双方带来了广阔的天地，你的赞美得到了公众一致的认可，人们便会更加理解你、信任你。

人与人之间需要包容、需要理解。包容是催化剂，可以消除隔阂，减少误会，化解矛盾；宽容是润滑剂，能调节关系，减少摩擦，避免碰撞；包容是清新剂，会令人感到舒适，感到温馨，感到自信，感到世界的美。

有容乃大，是时代最珍贵的人性品格，是时代成功者必须锻造的一种人性。包容是以辽阔的胸襟容纳各种智慧，是辉映创造性的文化品格。包容是一种与人相处的素质，一种时代崇尚的品德，更是吸纳他人长处、充实自我、创造自我价值的良好思维品质。

"有容乃大，无欲则刚"，包容是一种非凡的气度，是一种宽广的胸怀，是一种充满仁爱的无私境界，它是我们中华民族的传统美德，是做人应有的高贵品质。

放下成见，化敌为友

在各种人际关系中，同事之谊无疑是最微妙的了。即使你在不加班的情况下，一天也有8个小时和同事在一起，我们应该如何对待这种同事关系是不得不考虑的：与家人是亲情，与朋友是友情，与恋人是爱情，但与同事之间的关系呢？这是非常复杂的。虽然工作不是生活的全部，但工作无疑是生活中的一大主力元素，跟同事关系的好坏对我们的工作及生活情绪也有着莫大关联。如果跟同事关系紧张，则可能使我们的工作一团糟，人也会变得懒惰迟钝，想到未来的岁月在这样的环境中度过，你一定会觉得非常悲哀吧？

人际关系的处理是复杂的、互动的、双方的，需要双方努力。别人的态度与行为虽然难以控制，但是我们却能够把握我们自己。那么，从自己做起，与人为善，做好自己的事，就是维护人际关系的关键所在。

小红是一家公司的秘书，是个急性子。一天上午，她打电话到财务室，要几个公司本年度上半年的财务数据，可是打了好几个电话，财务那边都没有什么反应。小红很着急，于是在电话里对财务室的人喊起来："你们怎么老是那么忙？"浓浓的火药味却依然没有让财务室的动作加快，任凭小红急着像热蚁上锅，财务室依然是不紧不慢。

为什么会这样呢？原来，会计孙大姐是公司的元老级人物。有一天，孙大姐急于要用计算机打印一份财务报表，可是财务室里唯一会计算机的小王请假了。于是便找小红帮忙。可是小红却总是敷衍，一会说自己没空，一会说自己正忙。孙大姐给小红打了好多次电话，最后无奈只好找别人解决了。孙大姐心里对小红有了成见，于是就有了这次事件的发生。这就是平时敷衍别人的结果。

小红作为秘书，经常会和财务人员打交道，只有处理好同事关系，才能顺利地开展工作。敷衍人家的确很轻松，很合算，既不必费心，无需付出代价，对自己也不会有什么损害。但是，风水轮流转，你有初一，人家就会有十五；你今天敷衍人家，人家明天肯定会敷衍你。所以，工作中不能事事较真，一定要真诚的处理各种人际关系，与人方便，与己方便。

在中国的处世哲学中，中庸之道被奉为经典之道，中庸之道的精华之处就是以和为贵。同事作为你的工作伙伴，同处一个屋檐下，平时抬头不见低头见，如果任何一个人破坏了你的心情，就对其有成见，说不定将来吃亏的是你，而不是别人。

俗语说"以和为贵"。在工作中，与同事之间，如果因为工作中一点小事引起误会，直至互相产生很深的成见，相互拆台、互不买账，这样做肯定会对工作造成不必要的影响。如果不能及时协调，使误会越来越深，就可能在实际工作中造成严重的无法挽回的后果。生活的目标是什么？人生活的目标是自然、放松、有幸福感。因此，我们要学会以积极的态度处理好与同事之间的微妙关系，淡化成见，重获同心，尽量消除误解，这样，工作起来会事半功倍，效率会大大提高，以轻松的心情工作，那么，生活也会因此而充满阳光。

同事之间经常会出现一些磕磕碰碰，如果不及时妥善处理，就会发展成大矛盾。俗话说：冤家宜解不宜结。当问题出现时，我们不妨从自身找找原因，放下成见，化敌为友，避免矛盾的激化。

让他一墙又何妨

人与人之间在交往的过程中，不可避免会出现纠纷、摩擦，在邻里之间更是存在这样的问题。中国有句格言："远亲不如近邻。"这句话道出了邻里关系的重要性。"邻里好，赛金宝"，邻里之间犹如唇齿相依，易于接触。只有团结互助，相互礼让，才会家家兴旺，事业发达；"邻里吵，不得了"，如果与邻为敌，互不相让，甚至大动干戈，往往会两败俱伤。如果处理不好邻里之间的关系，就会直接影响到个人的生活。

"让他一墙又何妨"，说是就是邻里为了争住宅多少而引起的事端。明智的邻里就会选择相互礼让，使事端平息。毕竟"远亲不如近邻"，只有邻里之间相处好了，才会有互帮互助，对彼此的生活都是一件幸事。

邻里之间难免会产生一些纠纷，出现纠纷时彼此应多一些宽容，多一点谦让，以和为贵，化干戈为玉帛。在人们的生活中，常常遇到这样的情况，张家鸡叨了王家麦、李家猪拱了赵家地之类的小事而起纷争，因气使性，动辄争吵、打架斗殴，甚至还闹上公堂，实在是不应该。

清朝乾隆年间，在外地做官的郑板桥忽然收到弟弟郑墨一封来信。原来，在老家务农的弟弟想让他出面到当地县令那里说情，弄得郑板桥很不好意思。

但是他又清楚，弟弟不是好惹是非的人，这次明显是受人欺侮，不得已而求之。

原来,郑家与邻居的房屋共用一墙。郑家想重修旧屋,邻居出来干预,说那堵墙是他们祖上传下来的,郑家无权拆掉。其实房契上写得清楚,那墙是郑家的,邻居借光盖了房子。这官司打到县里,尚无结果,双方都难免求人说情。

郑墨自然想起了做官的哥哥,想到有契约在,再加上哥哥出面说情,这官司一定会胜诉。然而,郑墨没有想到,哥哥在回信中劝他息事宁人,同时寄了一条幅,写着"吃亏是福"四个大字。

郑板桥的弟弟郑墨接到信后,感到非常惭愧,当即撤诉,向邻居表示不再相争。邻居也被郑氏兄弟一片至诚所感动,也不愿再闹下去,于是两家重归于好,仍然共用一墙。

这个故事告诫人们,钱财乃身外之物,不值得一争。一来既可以显示自己的宽宏大量,可以获得心灵上的平静和道义上的支持。二来还使得两家重修旧好,共用一墙,实现双赢。这种做法才是事半功倍,两全其美。

"让他一墙"中"让"不等于无能,也不等于低人一等,而是一种胸怀。邻里间出现矛盾,一方应该主动相让。让体现的是一种宽容的胸怀、大度的风格、高尚的情操。而这正是邻里团结的粘合剂。邻里之争,进一步"狭路相逢",退一步"海阔天空"。选择哪一种生活方式,关键还在于你自己。

"让他一墙"中的"让"是一种修养。邻里之间相互谦让,其乐融融。邻居之间如果都能够多一些互让互谅,多一些宽容理解,高兴事大家一起分享,遇难时大家相互安慰,岂不更加安居乐业?

人生短短几十年,在这个茫茫的人世间,要做的事太多,没有时间去计较得失。其实没有必要把自己看得太重。不用把自己的每一步都当成神圣的一步,如果每一个人都可以让自己处于这种不计较的心态之中,那么人生就会更加绚丽多彩。

持有登高望远的开阔心境

昔日,古人早已意识到"登高望远"的重要性,故有出自孔子故事的名句:"登东山而小鲁,登泰山而小天下。"然而,它只是空间尺度方面的认识。后来,其又发展至"不识庐山真面目,只缘身在此山中"。但陈子昂又对此种境界加以推敲,便斟酌出这样的诗句:"前不见古人,后不见来者,念天地之悠悠,独怆然而涕下。"这些均是千古传颂的名言佳句,看似漫不经心,但细细体味,却拥有着无穷之意。

一位颇有智慧的禅师,谆谆告诫前来抱怨的弟子们:"在平日的修行中,当你遭遇困境或心烦意乱的时候,请去登高望远或眺望大海吧!"

从禅师的话语中,弟子们受到了启发,他们争先恐后地发表自己的心得体会。一位弟子向禅师说道:"师傅,在平日的生活中,我总觉得自己需要更多的肯定,更多的自由。然而,当我登高望远的时候,极目远眺,视野宽广,但不知为什么,平日的那种欲望却不怎么强烈了……"

另外一个弟子说道:"说句心里话,每当面对苍茫的大海,放眼望去,一望无际,便会顿生平静无缺之感。师傅,为什么会这样呢?"

禅师心平气和地说道:"这是由于心境不同。心是一个尤为矛盾的东西:最大的东西是心,最小的东西也是心;最公的东西是心,最私的东西也是心;最好的东西是心,最坏的东西也是心;最明亮的东西是心,最黑暗的东西也是心;最快乐的东西是心,最痛苦的东西也是心；最甜蜜的东西是心，最酸涩的东西也是心；爱是这颗心，恨也是这颗心；助人的是这颗心，损人的也是这颗心……"他舒了口气，接着说道："在平时的生活中，由于缺少了解心而不能了解人生的真正目的。然而，在登高望远或放眼大海的时候，公心、好心、明心、乐心、爱心乃至助人心将会纷纷呈现出来，致使那些小心、私心、坏心、暗心、苦心等种种不正常的心无缘伸展，无处躲藏。"

登高望远是一种开阔的心境，"只有天在上，更无山与齐。举头红日近，回首白云低。""登高壮观天地间，大海茫茫去不返。""欲穷千里目，更上一层楼。""会当凌绝顶，一览众山小。"只有在登高的过程中，才能磨掉浮躁，直抵人生的本质；只有在望远的过程中，才能忘记烦恼，进入博大的世界。

在登高望远，与大自然亲密接触的同时，山河大地将皆系于心。在生活中，如果能够保有登高望远的心境，我们的内心世界就会变得广阔无比。

当你经过一番辛苦的攀登，气喘吁吁、心旷神怡地立在高处向远处眺望时，猛然间将会惊奇地发现：只有眼前的一切，才是真实的景象。天是瓦蓝瓦蓝的，草是青绿青绿的，空气是异常清新的。天朗气清、山风阵阵……刹那间，一切浮躁、一切烦恼都将会烟消云散。

一个人在某个岗位或在某种情形下呆的时间长了，不可避免地会有些"近视"，甚至时常为一些功名利禄而与人相互争逐，为一些鸡毛蒜皮的小事而耿耿于怀。当你一旦走出并登高望远，就会惊叹世界是如此博大，自己的追逐又是那样渺小。那些曾被自己苦苦相争的东西，竟然只是不足为道的身外之物，犹如过眼云烟一般，根本不值得一提，更不值得为此争得"头破血流"。

对于一个人来说，不论位于高层还是身在低层，不论处于顺境还是居于逆境，都要始终拥有一种良好的心态：位于高层，不忘乎所以；身在低层，不怨天尤人；处于顺境，不盲目乐观；居于逆境，不妄自菲薄。只有保持一种开阔的心境，才能使生活得以充实而满足。

无论是成功还是失败，都能在登高望远中得到诠释：身居高巅，既能体味到"山高人为峰"的喜悦，又能感受到"高处不胜寒"的恐惧；向远眺望，既能品味到一个人的力量是那么微不足道，又能感悟到"成功时不必惊喜，遇挫时不必惊慌"……总而言之，只有登高望远，才能赋予你一种宠辱不惊的心境。

只有持有登高望远的开阔心境，才能感知大山是如此宁静，白云是如此娇丽；只有持有登高望远的开阔心境，才能亲见"一览众山小"的雄奇；只有持有登高望远的开阔心境，才能感知生命的高度是一个永恒的变量，而快乐则是赋予跋涉过程的函数。

第九章
低调做事，越有作为

低调，是一种风度，一种淡定，一种从容，一种境界，是生活的良好状态。低调做人，不仅可以保护自己，而且还能很好地融入群体中，与身边的人和谐相处。低调做人，就是用淡定的心态来看待红尘万物，修炼到此种境界，生活便能游刃有余。

低调是一种超然的淡定

在生活中，有的人出了几部不错的书，便按捺不住心中狂喜，以作家自居，于是频频上电视、上报纸，弄得满城风雨，还要持之以恒地大肆宣传，以使自己长享盛名；有的人在某个领域博得名次后，便恃才傲物，认为可以从此笑傲江湖了；有的人财大气粗，便唯恐天下人不知道似的，显福摆阔，招摇过市……他们都有一个通病，那就是不淡定，心态过于浮躁。最后的结果是，功名不在，信德俱损。

低调做人是一种很好的自保方式。不信你看，在现实生活中，有很多能够低调处世的事例。比如：一些成功的名人，不愿接受媒体的采访，谢绝任何无意义的歌功颂德，而是以淡定的姿态面对世人，踏踏实实地谋划下一步的方向，以争取更大的成功；一些优秀的艺术家，不愿意流俗，更不愿意抛头露面，而是埋头于自己的工作中，用心去努力创作人们喜欢并需要的艺术作品，不断超越自我。

正是因为这份淡定让他们与外界的功名利禄完全隔绝，专心于自己的事业，从而取得更大的成就，同时也更加受到世人的敬仰。

当我们走红运，事事如愿以偿时，切不可忘乎所以，盛气凌人。因为成功时趾高气扬与遭厄运时悲观丧气，都是一种浅薄和脆弱的表现。而在任何情况下都保持一种淡定的态度，则是一件好事。

低调的人是淡定的人。荀子曾说："君子贤而能容罢，知而能容愚，博而能容浅，粹而能容杂。"意思是说，君子贤能而能容纳无能的人，聪明而能容纳愚昧的人，知识渊博而能容纳孤陋寡闻的人，道德纯洁而能容纳品行驳杂的人。一个人，无论多么贤能、多么聪明、多么渊博，如果目空一切、唯我独尊，视万物皆在我之下，总认为别人不如自己，那么就永远不会博得别人的认可。

所以，不要太高看自己，就算你真的才智凌驾万人之上，也没必要恃才傲物。用低姿态看待自己，旁人会因此更加高看你。有时太过高调，反倒显得浅薄庸俗。最聪明的做法是：将自己的"丰功伟绩"说成"微薄之力"，或指出自己诸多不足之处，别人也不会因为你自己说出了缺点，就认为你一无是处，相反，会对你心生敬意。

低调貌似藏拙，实则为一种超然的淡定。低调不是自卑，不是怯懦，不是消沉，而是一种博弈的过程。低调是一种博大的胸怀，体现了一个人的修养和境界。只有经历过"十年寒窗无人问"的寂寞，才能有"一举成名天下知"的成就。只有低调，才能忘记眼前暂时的华美光环，向着更高远的天空飞翔。只有弯一下腰，才可以跳得更远，不是吗？

当然，低调时别忘记把握一个"度"。过度的谦虚就是骄傲，过度的低调就是炫耀。孔子的弟子子贡问："颛孙师和卜商两个人谁更好一些？"孔子说："颛孙师常常做得有些过头，卜商常常达不到要求。"子贡说："如此说来，那么是不是颛孙师要好一些呢？"孔子说："过头和达不到同样不好。"诗人鲁藜说："老是把自己当做珍珠，就时时有怕被埋没的痛苦；把自己当做泥土吧，让众人把你踩成一条道路。"有时，为人处世低调一些，倒是一种非常好的自保方式。说来说去，无非是要表明一个观点：好的东西不用太过张扬，别人都看得见。

在俄罗斯联邦政府中，德米特里·梅德韦杰夫学识过人，谦逊廉政。尽管身居要职，但梅德韦杰夫一直低调为官。

圣彼得堡新闻界广为流传梅德韦杰夫的低调作风。当时市委员会有一本委员会官员电话簿，里面唯独没有梅德韦杰夫的联系电话。梅德韦杰夫认为，自己主要工作是吸引外商投资，没有必要与当地公众打交道，因此选择"隐姓埋名"。

担任总统办公厅主任期间，梅德韦杰夫也刻意保持低调。梅德韦杰夫负责总统国事活动所有环节。在众多官员中，唯独他只需轻轻叩一下门，就能直接进入总统办公室。但梅德韦杰夫却个性内敛，不喜交游。

俄罗斯媒体曾经有过这样的报道，有一次普京召开媒体见面会时，梅德韦杰夫独自在隐蔽的角落喝饮料。普京见状招呼："季玛（梅德韦杰夫的小名），别坐得那么远，离我再近些。"

树不炫耀自己的苍劲，并不影响它的巍然耸立；海不显摆自己的深度，并不影响它容纳百川；花不夸耀自己的美艳，并不影响它的清香宜人……

我们常常以为炫耀能为自己带来荣誉和掌声，殊不知，所谓的"高调"其实是那样的苍白浅薄，甚至还会"越高越衰"。因此，不妨在世事面前将自己的姿态放低一些！

《西游记》中的孙悟空可谓神通广大，七十二般变化，上天入地，无所不能。五百年前"高调"大闹天宫，无人能制伏，自称"齐天大圣"。一个筋斗十万八千里，却怎么也跳不出如来佛的手掌心，结果被压在五指山下五百年。

低调者是深藏不露的，这些往往是自以为高明者所意料不到的。低调者将雄心壮志藏于心而不显于外，做事情静中求稳而不飞扬跋扈，这些使他们无懈可击。

低调,是一种风度,一种淡定,一种从容,一种境界,是生活的良好状态。低调做人,不仅可以保护自己,而且还能很好地融入群体中,与身边的人和谐相处。低调做人,就是用淡定的心态来看待红尘万物,修炼到此种境界,生活便能游刃有余。

适时弯腰也是一种淡定

孟买佛学院是印度最著名的佛学院之一。孟买佛学院之所以著名,除了它悠久的历史、建筑的辉煌和它培养出了许多著名的学者以外,还有一个特点是其他佛学院所没有的。这是一个极其微小的细节,但是,所有到这里的人再出来的时候,几乎无一例外地承认:正是这个细节让他们受益无穷。

在佛学院的正门旁边开了一个小门,门高1.5米,宽40厘米。一个成年人进去,必须侧身弯腰,否则就会碰壁。

这是佛学院为新学生上的第一课。所有新来的学生,都会由他的老师带领着来到这个小门,让他进出一次。很显然,所有的人都必须弯腰进出,尽管有失礼仪,但却达到了目的。大门当然进出方便,而且可以让人很体面很有风度的进出,但是很多时候,我们要进入的地方没有很宽阔的大门,或者,有的大门不是可以随便进入的。这个时候,只有学会了弯腰侧身、暂时放下尊贵和体面的人才能进入,否则你只能被挡在墙外。

这是佛家的哲理,其实也是人生的哲学。人生之路,尤其是在通向成功的路上，几乎是没有宽敞的大门的，很多的门是要弯腰侧身才进得去的。只有弯腰，才能拣起地上的东西。只有把自己缩到最小，才能进入天下所有的门。

暂时的寄人篱下，暂时的委曲求全，都不要丧失信心，因为你是为了度过暂时的逆境，是为了自己的未来。

弯腰是一种淡定。弯腰与面子没有必然联系，高昂着头的稻子谷粒干瘪，面子是有了，收获却没有了。稻谷弯腰，预示着丰收，也意味着成熟。一个淡定的人，懂得适时弯腰。

说到弯腰，自然会想到陶渊明的"不为五斗米而折腰"，人格要保持挺立的姿势，这是毫无疑义的。但陶渊明要采菊东篱，直着身子恐怕采不到。他弯腰向田园，让自己的汗水变成颗粒饱满的收成，他的人格依旧是挺立的。

有一位刚刚退休的资深医生，医术非常高明，许多年轻的医生都前来求教，要求拜他为师。资深医生选了其中一位年轻的医生，帮忙看诊，两人以师徒相称。应诊时，年轻医生成为得力助手，资深医生理所当然是年轻医生的导师。

由于两人合作默契，诊所的患者与日俱增，诊所声名远播。为了分担门诊时越来越多的工作量，避免患者等得太久，医生师徒决定分开看诊。

病情比较轻微的患者，由年轻医生诊断，病情较严重的，由师父出马。实行一段时间之后，指明挂号让医生徒弟看诊的病患者，比例明显增加。起初，医生师父不以为意，心中也高兴："小病都医好了，当然不会拖延成为大病，病患减少，我也乐得轻松。"

直到有一天，医生师父发现，有几位病人的病情很严重，但在挂号时仍坚持要让医生徒弟看诊，对此现象他百思不解。

为了解开他心中的疑团，老医生来到学生的诊所深入观察，看看问题出在哪里。

他发现，初诊挂号时，负责挂号的小姐很客气。并没有刻意暗示病人要挂哪一位医生的号。

复诊挂号时，就有点学问了，很多病人都从师父那边转到医生徒弟的诊室。

问题就出在所谓的"口碑效果"，医生徒弟的门诊挂号人数偏多，等候诊断的时间也较长，有些病人在等候区聊天，交换彼此的看诊经验，呈现出"门庭若市"的场面，让一些对自己病情较没有信心的患者趋之若鹜。

更有趣的发现是，医生徒弟的经验虽然不够丰富，但就是因为他有自知之明，所以问诊时非常仔细，慢慢研究推敲，跟病人的沟通较多，也较深入。而且很亲切、客气，也常给病人加油打气："不用担心！回去多喝开水，睡眠要充足，很快就会好起来的。"类似的心灵鼓励，让他开出的药方更有加倍的效果。

回过来看他这边，情况正好相反。经验丰富的他，看诊速度很快，往往病患者毋须开口多说，他就知道问题在哪里，资深加上专业，使得他的表情显得冷酷。仿佛对病人的苦痛渐渐麻痹，缺少同情心。

整个看诊的过程，明明是很专业认真的，却容易使病患者产生"漫不经心、草草了事"的误会。这是麦穗弯腰的哲学，其实，很多具有专业素养的人士，都很容易遇到类似的问题。

老医生并不是故意要摆出盛气凌人的高姿态，但却因为地位高高在上，令人仰之弥高，产生遥不可及的距离感。

在生活中，我们不仅要学会择高处立，就平处坐，向宽处行，还要有弯下腰来的那份淡定。

人生得意时，更需要将心淡定下来

唐太宗时，岑文本被委以宰相的高位。上任之初，朝中大臣纷纷作贺，他家一时车马不绝，门庭若市。岑文本对此不喜反忧，他对前来作贺的人说："我刚刚上任，一无政绩，二无贤德，有什么可以祝贺的呢？我今天只接受你们的警告，好听的话就不要说了。"岑文本的家人都责怪他不近人情，岑文本便开导他们说："这些人虽是好心，却也难免其中有势利小人，借此攀附。如若皇上借此观察于我，我如此声张，还会有好结果吗？你们要切记：一个人万不可得意忘形，更不可失去应有的警惕；凡事取之实难，失去却在一夜之间啊。"

岑文本苦口婆心地对孩子们说："想我本是一个读书人，两手空空来到京师，本没有想到得此高位。这固是皇上恩典，也是我勤勉不懈之果。由此可见，一个人出身并不重要，重要的是他勇于任事、才学为本。我深知此中真意，颇有心得，又怎会学那凡夫俗子之举，广置产业、富贵而骄呢？这只能让你们养尊处优，无有忧患，安于现状，不思进取，对你们的将来，这才是真正的祸患，我怎忍心这样做呢？还望你们明白此中道理，不要再怨怪我了。"家人深受教育。他这般淡定，唐太宗也对他另眼看待，宠幸不衰。岑文本死后，朝廷又给他在帝陵陪葬的崇高荣誉，以示褒奖。到了唐睿宗时，他孙子一辈的人中，位居高位的达数十人之多，是当时最显赫的家族之一。

"一个人万不可得意忘形，更不可失去应有的警惕；凡事取之实难,失去却在一夜之间啊!"岑文本始终能保持这样的淡定,所以他的一生都受帝王宠幸。其实有很多人并不是被失败打败,而是被胜利击垮。在成功面前,他们往往不能淡定下来,得意忘形,太过张扬,结果在辉煌面前重重栽了跟头,这不能不令人为之惋惜。

得意而淡定。拥有一颗平常心,才能够经得起人生的大风大浪,如果遇上得意之事就大呼小叫、心高气傲、不可一世,则很可能遇上麻烦。因为一个人得意时,往往会被胜利或荣耀冲昏了头脑而失去应有的冷静。这时,即使外部环境发生了变化,或是灾难即将来临,得意者却有可能全然不觉,从而让自己遭受到打击或面临更大的灾难。要知道这世间没有永远的胜利者,一个人也不可能事事占得先机,得意时更需淡定面对。

从前,有两只黄白公鸡每天总是不停地争来争去,争谁的羽毛更漂亮,谁的嗓音更洪亮。一次,他们又为了争夺一条小虫子而吵了起来。

红公鸡说:"这条虫子归我,是我先发现的。"白公鸡毫不示弱地说:"这条虫子是你先发现的,可你别忘了,却是我先抓住的,所以,它应归我。""是你抓住的又怎样,你惹得起我吗?如果你能够打得过我,这条虫子就归你;如果你打败了,就永远在我眼前消失。"红公鸡趾高气扬地说。

白公鸡当然不示弱,准备迎战了。红公鸡猛地张开双翅,抖了抖头上血红的冠子,向白公鸡猛地扑了过去。白公鸡也不是省油的灯,突然猛地迎头向红公鸡的花冠啄去,便啄下了几根红公鸡平日引以为荣的漂亮的羽毛。红公鸡看着白公鸡嘴里衔着几根自己的羽毛,禁不住恼羞成怒,猛地一拍翅膀,像支利箭似的射向白公鸡。在白公鸡还来不及反击时,它已用双爪紧紧地抓住了白公鸡的背部,整个身子压在白公鸡身上，白公鸡不堪重压，瘫倒在地上，红公鸡趁机对它又啄又抓。

白公鸡彻底输了，它不停地哀求，红公鸡才停下来："看你以后还敢不敢惹我，赶快在我眼前消失！"说完，红公鸡又猛地用力一脚把白公鸡踢进草丛中去了。红公鸡看着战利品和一地鸡毛，高兴地站在高处放声高歌。恰好有一只老鹰飞过，它听到鸡鸣之声，就俯冲下来，只轻轻一抓，红公鸡便成了它的猎物。白毛公鸡因失败而满面羞愧，早已躲在草丛中去了，避过了这一场灾难。

在这世间，没有永远的胜利者，同样也没有永远的失败者，很多时候，胜利过后不一定是辉煌。因此，在你得意之时，更应该保持淡定，因为很可能"螳螂捕蝉，黄雀在后"，得意而不忘形，才能够保持淡定的心态和清醒的心志，只有这样才能够迎接一个又一个的胜利。

人在春风得意之时，千万不能得意忘形，越是在这样的时刻，越要淡定。

拥有"忍一时退一步"的淡定

《菜根谭》中有一句话是这样说的："路径窄处，留一步与人行；滋味浓时，减三分让人食，此是涉世的一种手法。"

所谓的忍让、后退，就是在必要时要能够以退为进、以忍克刚。因为适时的低头是为了更好地保护自己。

富兰克林年轻时，有次去拜访一位老前辈，当他抬头挺胸进门时，头狠狠地撞在了门楣上。老前辈一看，意味深长地说："年轻人，该低头处且低头，否则，会头破血流。"富兰克林把这话作为人生的座右铭，且从中受益终生。

面对生活的种种际遇，比如：爱情失意、婚姻受挫、工作不顺……这时，就要有忍一时、退一步的精神，低下头来默默地思考、积蓄力量，为了下一次的东山再起。

越王勾践被吴王夫差打败后，成为俘虏，在睡草棚为马夫的情况下，仍不失复国的勇气和决心，每天尝一尝自备的苦胆提醒自己。后来，经过千辛万苦，终于打败了吴王夫差，完成复国大计。

忍让的前提是淡定，冲突越是激烈越要淡定对待，淡定会让你有时间看清问题的真相，会让你减少因冲动产生的负面影响。

当年，项羽与刘邦争雄中，因为一战失利，就自杀于乌江边，成为千古遗憾，这是只会伸不会屈的结果。所以，后人评价项羽时，认为他有勇而无谋。认为他在一战失利的情况下，如能懂得进行战略退却，那么，就"卷土重来未可知"。

忍一忍风平浪静，让一让天高地阔；站着做人是傲骨，一时低头是风骨；过于在乎一时，必然失去一世；愿意做别人做不了的"掉价"的事情，往往是迈向成功的途径。

人活一世，不可能事事都遂人愿，总要经历世事变迁，在这个过程中，必定有着不能忍让的事，但能忍则忍，很多时候，忍一忍就过去了，一时的退让不是妥协，也不是抹杀做人的尊严，是为了顾全大局。一时的痛快发泄并不能换来一世的快乐。唯有宽容隐忍，不计前嫌，才能使你淡定一生。

汉初名臣张良，年轻的时候，在过桥时遇到一位老者。老者看张良走过来，故意把鞋脱下来，然后叫张良给他捡起来，张良看是位老者，就帮他捡了起来。这时老者又说："帮我穿上。"张良想，既然帮他捡了，干脆帮到底，于是帮他穿上。这时老者满意地笑了，说："孺子可教也。"然后就将《太公兵法》传给他，张良最终成了一代名臣。

成功的背后是由许多的忍让组成的。每当你站在辉煌的顶峰时，别忘记这样一句话：忍让是对自己最大的支持。

一天，阎罗王对两个小鬼说："你们两个可以到人间投胎去做人，现在我手里有两个名额，一个，一生都要忙着给别人东西；另一个，一生都要到别人那里拿东西，你们愿意做哪个呢？"

小鬼甲抢先跪下来说："阎王爷，我要做那个一生从别人那里拿东西的人。"小鬼乙只能让步，选择了一生都要给予的那个。阎罗王也不啰嗦，抚尺一振，宣判道："小鬼甲不懂得退让，下令其投胎到人间做乞丐，到处向别人要东西吃；小鬼乙明白适时退让的道理，那就投胎到富裕的人家，时常布施周济别人去吧。"

为人处世，遇事有退让一步的态度就是淡定的表现。给对方一个台阶下，实际上是给自己日后留下方便。看过探戈舞的人一定会被舞者协调流畅、进退自如的姿态所倾倒。探戈是一种比较难跳的舞蹈，要求双方脚步必须高度协调。探戈好看，但要跳好探戈却不容易，很多人苦练数年也未必能达到炉火纯青的程度。由探戈的舞步，可以联想到生活中的处世哲学。试想，如果亲人、朋友、同事、爱人之间，能用跳探戈的姿势彼此配合、彼此协调，该进则进、该退则退，不但要避免踩到对方的脚，而且要小心不让对方踩到自己的脚。这样，人与人之间才能避免矛盾，和平相处。

活在世上，本来就已经压力重重了，又何必再为一些小事斤斤计较呢？有些事，不需要据理力争，慢慢自然会见分晓。学会退让三分，是有利无害的，也会让你拥有更广阔的人际空间。因为，一个懂得退让的人，就会赢得很多人的仰慕，自然会高朋满座，这些人中可能有一些就是你的命中贵人，在潜移默化间让你的人生峰回路转。

我们若以退让的客观的姿态看待生活的一切内涵，我们也就发现了生活给予我们的所有美好的馈赠。给心一个宽大的空间，自由去做我们该做的一切；给生活一个浩渺的境界，生活就会在我们的视野下变得更加美好。

要想"高人一等"，先学"低人一等"

对那些已经站在人生金字塔上的人，你只要去研究他的攀爬经历就会发现：他也一定有过坎坷和屈辱，他也一定有过"低人一等"的经历，只不过是他不甘现状、不甘人下，比常人付出了更多的努力，而后才攀上人生巅峰的。

一个妙龄少女来到东京帝国酒店当服务员。这是她涉世之初的第一份工作，也就是说她将在这里正式步入社会，迈出她人生的第一步。因此她很激动，暗下决心，一定要好好工作。然而，上司竟安排她洗厕所！洗厕所！实话实说，这种"低人一等"的活没人爱干，何况她从未干过粗重活，细皮嫩肉，喜爱洁净，干得了吗？洗厕所时在视觉上、嗅觉上以及体力上都会使她难以承受，心理暗示的作用更是使她忍受不了。当她用自己白皙细嫩的手拿着抹布伸向马桶时，胃里立即翻江倒海，恶心得想吐却又吐不出来，太难受了。而上司对她的工作质量要求特高，高得骇人，必须把马桶擦洗得光洁如新！

她当然明白"光洁如新"的含义是什么,她当然更知道自己不适应洗厕所这一工作,的确难以实现"光洁如新"这一高标准的质量要求。因此,她陷入困惑、苦恼之中,也哭过鼻子。

这时,她面临着这人生第一步怎样走下去的抉择:是继续干下去,还是另谋职业?

正在此关键时刻,酒店的服务部经理及时地出现在她面前,他并没有用空洞理论去说教,只是亲自做个样子给她看了一遍。首先,他一遍遍地擦洗着马桶,直到擦洗得光洁如新;然后,他从马桶里盛了一杯水,一饮而尽喝了下去!竟然毫不勉强。

实际行动胜过万语千言,他不用一言一语就告诉了少女一个极为朴素、极为简单的道理:即使是最卑微的工作,也要做到最好。看着目瞪口呆的少女,经理深沉地说:"要想高人一等,先学低人一等,从最低微的工作做起。如果最卑微的工作都能做得好,离成功就不远了。"

这位少女恍然大悟,如梦初醒!她痛下决心:"就算一生洗厕所,也要做一名洗厕所最出色的人!"从此,她的工作质量也达到了那位经理的水平,当然她也多次喝过马桶中的水,为了检验自己的自信心,为了证实自己的工作质量,也为了强化自己的敬业心;从此,她很漂亮地迈好了人生第一步;从此,她踏上了成功之路,开始了她不断走向成功的人生历程。几十年光阴一瞬而过,后来她成为日本政府的主要官员之———邮政大臣。她的名字叫野田圣子。

我们都想成为"邮政大臣",没有人会想成为"洗厕人",但无论多么成功,身份多么高贵的人,都会遵循一个共同的规律,那就是——要想高人一等,必须先学会低人一等。

"指挥皆上将,谈笑儒生"的徐达,小时候曾与朱元璋一起放过牛。在其戎马一生中，有勇有谋，用兵如神，为明朝的创建立下赫赫战功，是中国历史上著名的谋将帅才，深得朱元璋器重。

然而，就是这样一位战功赫赫的人，却从不居功自傲。徐达每次挂帅出征，回来后立即将帅印交还，回到家里过着极为俭朴的生活。

按理说，这样一位儿时与朱元璋一起放过牛的至交，且战功卓著，完全可以在都城中"享清福"。朱元璋为了奖励徐达，就想将自己的旧邸赐给他。朱元璋的旧邸，是其登基当吴王时居住的府邸，可徐达死活不肯接受。万般无奈的朱元璋请徐达到旧邸饮酒，将其灌醉，然后蒙上被子，亲自将其抬到床上睡下。徐达半夜酒醒，当知道自己睡的是什么地方后，连忙跳下床，俯在地上自呼死罪。朱元璋见其如此谦恭，心里十分高兴，命人在此旧邸前修建一所宅第，门前立一牌坊，并亲书"大功"二字。徐达功高不骄，还体现在他虚心好学、严于律己上。放牛出身的徐达，少年无读书机会，但他十分好学，虚心求教，每次出征都携带大量书籍，一有时间便仔细研读，掌握了渊博的军事知识。因此每每临阵指挥，莫不料敌如神，进退自如，且每战必胜，令人心服。

身为统帅的徐达，还能处处与士兵同甘共苦。遇到军粮不济，士兵未饱，他也不饮不食；扎营未稳，他也不进帐休息；士卒伤残有病，他亲自慰问，送药治疗；如遇上士卒牺牲，他更是重视而筹棺木葬之。将士对他无不感激和尊敬。

原本可以声色犬马的徐达，却平生无声色酒赌之好，"妇女无所爱，财宝无所取，中正无所疵，昭明乎日月"。朱元璋赐予他一块沙洲，由于正处于船只水路必经之地，家臣以此擅谋其利，徐达知道后，马上将此地上缴官府。

徐达深谙为人处世之道，不论做了多大贡献，也不邀功，也不请赏，视自己如平常人一样。因为他懂得，不管官有多大，自己有多大本领，都要夹着尾巴做人，所以他才会得以善终，若他同韩信一般，居功自傲，恃才傲物，不知收敛，朱元璋也不会对他如此放心，定会将其杀之以除心患。

1358年，徐达病逝于南京，朱元璋为之辍朝，悲恸不已，追封为中山王，并将其肖像阵列于功臣庙第一位，称之为"开国第一功臣"。

徐达之所以能不居功自傲，除其个人良好的修养外，还有更深层次的原因，那就是他知道功成名就后如何安身立命。这不能不说是高人自有高招。历史上几乎无一例外，每个皇权的确立，无不倚仗文臣武将的运筹帷幄决胜千里，但功臣往往成为权臣。在中国历史上，功臣权臣夺取皇权或挟天子以令诸侯，甚至皇袍加身的例子也不鲜见。所以，历代皇帝总是在政权到手后，视功臣为最大威胁，千方百计收回其权力。"杯酒释兵权"已算是非常"客气"了，"狡兔死，走狗烹；飞鸟尽，良弓藏；敌国破，谋臣亡"成为皇权统治下残酷的事实，也是历史的必然。

事实上，朱元璋登基后，从1380年至1390年，受丞相胡惟庸牵连被杀的功臣、官僚共达3万多人；1393年，有赫赫战功的将领蓝玉以及与其有关的人士均被杀，先后牵连被杀的竟有几万人；洪武十五年的空印案，洪武十八年的郭桓案，被杀者更多达8万之众。

应该说，朱元璋用严刑重刑，杀了包括功臣在内的10多万人，实质上是强化其统治的手段，也是统治阶级内部残酷斗争的结果。

另一方面，也与朱元璋的个人品格有关。从小与朱元璋在一起的徐达当然十分清楚"伴君如伴虎"的道理，他知道与这样的皇帝在一起，只能共苦，不能同甘，自己如果居功自傲，无异于引火烧身。

所以，徐达夹起"尾巴"，低调做人，这既是徐达个人良好品行的体现，更是他保全自己的良策。

在崇尚张扬、个性的时代，社会需要夹着尾巴做人的人，领导需要夹着尾巴做人的人，大家都需要夹着尾巴做人的人。夹着尾巴的人永远可以是长久存在下去的人，夹着尾巴的人永远是可以得到许多"好处"的人，夹着尾巴的人无论在什么时候都可以立于不败之地。

"逢人舍得三分笑"，夹起原本翘得很高的"尾巴"，闭上原来喊得很高的嗓门，规规矩矩地尽好自己的本分，踏踏实实地做好自己的事，就是最聪明的处世智慧、最精明的自保策略。

与人莫炫耀风光之事

许多人为了赢得别人更多的关注、认同和推崇，或为了向他人推销自己，经常不惜哗众取宠，竭尽自我鼓吹和自我炫耀，大谈当年闯关东、下南洋、走西口的勇气，却矢口不提碰霉头、崴脚踝、掉链子的困窘；大谈当年过五关、斩六将的豪壮，却从不提败走麦城的狼狈。

卖弄自己之能，吹嘘自己的风光、得意之事，固然能赚到一些艳羡，却也会招来一些妒忌、反感甚至厌恶。所以炫耀自己之能，不如鼓吹他人之功，把荣耀给身边的人，把风光给同行的人，也许会赢得更多称许和美誉。

英格丽·褒曼在获得了两届奥斯卡最佳女主角奖后，又因在《东方快车谋杀案》中的精湛演技获得最佳女配角奖。然而，在她领奖时，她一再称赞与她角逐最佳女配角奖的弗伦汀娜·克蒂斯，认为真正获奖的应该是这位落选者,并由衷地说:"原谅我,弗伦汀娜,我事先并没有打算获奖。"褒曼作为获奖者,没有喋喋不休地叙述自己的成就与辉煌,而是对自己的对手推崇备至,极力维护了落选对手的面子。无论谁是这位对手,当听到这番话之后,也都会十分感激褒曼,会认定她是倾心的朋友。一个人能在获得荣誉的时刻如此尊重和取悦竞争对手,如此与伙伴贴心,实在是一种文明优雅的风度。

当你事业有成或取得令人艳羡的职位和荣誉时,千万不要忘乎所以飘飘然。你的一言一行都要为对方的感受着想,要学会摆低姿态和别人交往,不可以使对方产生相形见绌的感觉。

她是某市人事局的一名职员。由于她近几年工作十分勤奋,取得了不错的成绩,于是人事局领导经过几番讨论研究,派她到市里某一区人事局做主任。

在她刚到区人事局的几个月当中,她正春风得意,对自己的机遇和才能满意得不得了。她觉得自己高高在上,不可一世,每天都使劲吹嘘自己在工作中的成绩,如何拼搏取得,如何受到上司的表扬等等。朋友们听了之后都非常不高兴,都避之唯恐不及。这使得她百思不得其解。过了一段时间,她发现根本没一个人再理她,虽然她仍是个主任,甚至连上面的几位局长都不愿理她。她觉得自己活得很空虚,很孤独,每天坐在办公室里唉声叹气。

最后终于有一位朋友一语点破了她的处世原则,她这时才意识到自己的症结到底在哪里。

从此她开始很少谈自己而多听朋友说话,因为他们也有很多事情要说,把自己的成就说出来,远比听别人吹嘘更令他们兴奋。后来,每当她有时间与朋友闲聊的时候,她总是先请对方把他们的欢乐炫耀出来,与其分享,而只是在对方问她的时候,才谦虚地说一下自己的成就，慢慢地她的人缘又好了起来。

面对地位和资历不如自己的同事或下属摆出一副盛气凌人的架子，会让对方认为你是"了不起"的，甚至会认为你是不成熟的、浅薄的、没有见识的人。所以，人前尽可能不要提自己的得意之事和风光之事。

但是，希望被别人评价得高一点，这也是人之常情。明知不可谈得意之事，但却情不自禁地大谈特谈，这是人性中普遍存在的意识。所以，完全不谈得意之事当然不可能，但同样是谈得意之事，要看看对象和场景，注意一下谈的方式。切勿给人造成出风头、炫耀自己的印象。

越是有成就的人，态度越谦虚、低调，相反，只有那些浅薄地自以为有所成就的人才会骄傲。美国石油大王洛克菲勒就说："当我从事的石油事业蒸蒸日上时，我晚上睡前总会拍拍自己的额头说，'如今你的成就还是微乎其微！以后路途仍多险阻，若稍一失足，就会前功尽弃，切勿让自满的意念侵吞你的脑袋，当心！当心！'"这就是告诫人们要谦虚，尤其是稍有成就时应格外小心，不要骄傲。

1860年，林肯作为美国共和党候选人参加总统竞选，他的对手是大富翁道格拉斯。

当时，道格拉斯租用了一辆豪华富丽的竞选列车，车后安放了一门礼炮，每到一站，就鸣炮30响，加上乐队奏乐，气派不凡，声势很大。道格拉斯得意洋洋地对大家说："我要让林肯这个乡下佬闻闻我的贵族气味。"林肯面对这种情形，一点也不在乎，他照样买票乘车，每到一站，就登上朋友们为他准备的耕田用的马拉车，发表这样的竞选演说："有许多人写信问我有多少财产。其实我只有1个妻子和3个儿子，不过他们都是无价之宝。此外，我还租有一个办公室，室内有办公桌1张，椅子3把，墙角还有一个大书架，架上的书值得我们每个人一读。我自己既穷又瘦,脸也很长,又不会发福,我实在没有什么可以依靠的,唯一可以信赖的就是你们。"

选举结果大出道格拉斯所料,竟是林肯获胜,当选为美国总统。

聪明人总是把谦虚与恰当的自我表现有机地结合在一起,并由此而走上通向成功的大道。大智若愚既可以保护自己不受猜忌和伤害,又可以为自己的事业成功创造条件,使自己一鸣惊人。

在秦始皇陵兵马俑博物馆,有尊被称为"镇馆之宝"的跪射俑。这尊跪射俑,它左腿蹲曲,右膝跪地,右足竖起,足尖抵地。上身微左倾,两手在身体右侧一上一下作持弓弩状。秦兵马俑坑至今已经出土陶俑1000多尊,除这尊跪射俑外,皆有不同程度的损坏,而这尊跪射俑保存最完整,连衣纹、发丝都还清晰可见。这尊跪射俑为什么能保存得如此完整呢?导游解释说,这得益于他的低姿态,或者说是他的"低调"。首先,跪射俑身高只有1.2米,而普通立姿兵马俑的身高都在1.8至1.97米之间。兵马俑坑都是地下坑道式土木结构建筑,当棚顶塌陷、土木俱下时,高大的立姿俑首当其冲,低姿态的跪射俑受损害就小一些。其次,跪射俑作蹲跪姿,重心在下,增强了稳定性。这尊跪射俑的故事告诉我们这样一个道理:在任何情况下都要把自己当成泥土。如果老是将自己当成珍珠,就时时有被埋没的痛苦。这也就是说,在适当的时候保持适当的低姿态,绝不是懦弱和畏缩,而是一种聪明的处世之道,是人生的大智慧、大境界。

保持谦虚态度的人,在人际交往中也会处处受人欢迎,做起事来别人也愿意帮忙。因为在人际交往的世界里,人们大多喜欢聪明、谦让而豁达的人,讨厌那些妄自尊大、高看自己、小看别人的人,这些愚蠢的人最终会使自己在人际交往中陷入孤立无援的地步。

当然,我们提倡低调做人,并非要你做"老好人","事不关己,高高挂起；明知不对，少说为佳；明哲保身，但求无过"……相反，要求我们在原则面前去掉怯懦的"老好人"性格，摒弃庸俗的作风，成为一名大智大勇、大慈大悲的人！提倡低调做人，也决不意味着低沉，意味着因循守旧，而是要振奋精神，脚踏实地，干好每件工作。自豪而不自满，低调而不低沉，这才是正确的态度！

炫耀自己之能，不如鼓吹他人之功，把荣耀给身边的人，把风光给同行的人，也许会赢得更多称许和美誉。

第十章
要拿得起,胆识过人

一个打不倒的人,不会在困难面前叫苦不迭。他们在看到困难时,不是裹足不前、束手无策,而是从主观到客观上寻求出路与方法,在走投无路时,就有可能出现"山重水复疑无路,柳暗花明又一村"的奇迹。

做一个打不倒的人

人生需要坚强，因为坚强是精神的支柱，是跨越坎坷的信念，是成功、胜利的根本。一个人，如果不再坚强，那他的心灵就化作一片黑暗沉寂的世界。

在生活中，我们看到草儿虽铺满大地，却矮小无比，任人踩踏；看到花儿灿烂而又美丽，却娇弱不堪，任人采摘；而只有树儿才能昂首挺立在天地之间，自强自立，让人由衷敬佩。

树在风吹日晒中，不能掌握雨水的降临，一些树因枯竭而死，而另一些树却能繁茂地生存着，不怕风吹雨打，只因它们找到了生命之源——水，也炼就了坚强的意志，这些树才是百年之材，才是一群"坚强"的树。

我们做人也要做一棵勇于面对逆境的"树"，立足于社会就要有一身硬本领、坚强的意志，不怕挫折风暴。

逆境，是环境给予的一笔宝贵的财富。适者生存，万物在逆境中改造自我、完善自我、提高自我，从而塑造多彩的世界。如果自然界是所谓的天堂，万物从未遭受过逆境，倘若哪天那天堂变成了地狱，生物恐怕是要遭到灭顶之灾了。

生物可以在逆境中磨炼自我，作为自然界的主宰，人类又何尝不是如此呢？"管仲举于士，孙叔敖举于海，百里奚举于市"，试问世上有几个成功人士的一生不是历经坎坷与磨难的？"是故天将降大任于斯人也，必先苦其心志，劳其筋骨，饿其体肤，空乏其身。"几句脍炙人口的人生哲理真实地总结了人生奋斗进取的真谛。用力向下砸一个皮球可以达到比向上抛更高的高度，成功的秘诀也在于此！遭受逆境而不倒，对人来说，就是在收获更大的成功！

美国，一位穷困潦倒的年轻人，即使身上全部的钱加起来都不够买一件像样的西服时，仍全心全意地坚持着心中的梦想。他想做演员，拍电影，当名星。

当时，好莱坞有500家电影公司，他根据自己的路线与排列好的名单顺序，带着自己写好的、量身定做的剧本前去一一拜访。但第一遍下来，500家电影公司没有一家愿意聘用他。

面对百分之百的拒绝，这位年轻人没有灰心，从最后一家被拒绝的电影公司出来之后，他回去又一次从第一家开始，继续他的第二轮拜访。

在第二轮的拜访中，他仍遭到500次的拒绝。

第三轮的拜访结束仍与第二次相同。这位年轻人咬牙开始他的第四次行动。当他拜访完第349家后，第350家电影公司的老板破天荒地答应他留下剧本先看一看。

几天后，年轻人获得通知，请他前去详细商谈。

在这次商谈中，这家公司决定投资开拍这部电影，并请这位年轻人担任男主角。

这部电影名叫《洛奇》。这位年轻人叫席维斯·史泰龙。

翻开任何一部电影史，这部叫《洛奇》的电影与这个日后红遍全世界的巨星都榜上有名。

没有过不去的坎，只有不愿爬起来的人，我们需要做的就是一个打不倒的人。

细想一下，我们生命从起始就遇到挫折，生命就是一个战胜挫折而走向成熟的过程。可以说挫折是人生走向成熟的催化剂，是磨砺意志和毅力的砂轮。超越一次挫折，就使人得到一份自强不息的精神元素。挫折是人生成长过程中必经的磨炼，是走向成功的前提和道路。

如今的社会很残酷，使自己摆脱逆境的唯一方法不是等待救济，而是自己制造机遇，自己努力去战胜逆境。自助者天助！人类每适应一个逆境，就要面临更多的逆境，看似很痛苦，但正因为这无边的痛苦，在无边的黑暗中追寻星星之火，才形成了我们如今在自然界中独一无二的智慧。

人类是聪明的，知道如何总结规律。古人以"头悬梁，锥刺股"作为治学的标准，是为了给自己创造逆境，磨炼自己；李时珍翻越崇山峻岭，尝尽百草，用生死作赌注，在逆境下，终写成《本草纲目》，为中医学作出了卓越的贡献；勾践卧薪尝胆，忍辱负重，终竟"三千越甲可吞吴"。

人生道路也是如此。路，我们天天在走，但一帆风顺并不都是好事。因为走的是直路、顺路，人们常常会忽略路上那些有形或无形的障碍。因为忽略了，常常在顺境中跌了大跤。

你在生活道路上可能会遭受不同的挫折，其实有挫折不一定是坏事，没有挫折也不一定是好事。因此，我们要正确对待生活中的挫折和失败。要把挫折和失败当成与人生较量和自我力量展示的机会，在战胜挫折中使自己走向成熟。

不到高山，不知平地。不经过失败，就不知道成功的艰难曲折。挖掘潜能如挖井，挖掘过程也许是直线，也许是曲线，只有那些坚信自己潜能的人，才能挖到水源。

与其哀叹自己命运不济，不如充分发挥自己的联想力，在多方思考中挖掘潜能，使理想付诸实现，最终转败为胜，转危为安，扭转战局。

一个打不倒的人，不会在困难面前叫苦不迭。他们在看到困难时不是裹足不前、束手无策，而是从主观到客观上寻求出路与方法，在走投无路时，就有可能出现"山重水复疑无路，柳暗花明又一村"的奇迹。

苦难的逆境，使庸者变得卑琐乖戾，使强者变得坚韧聪慧。一切美好的东西是不会自然展现在你面前的，那伤痕累累的心理感受，恰是生活给予你的馈赠。

充实自己的内心，做人不能太虚浮

淡定与低调是一种态度。它不是处世消极，刻意效仿，而是阅尽沧桑的醒悟，了然于胸的坦然；它不是自我封闭、孤芳自赏，而是不以物喜、不以己悲、超脱地面对外界的纷繁和喧嚣。仲永是个神童，小小年纪就可以指物为诗，吟诗作赋，出口成章，确实很不简单。按理说，有这样高的天分，如果好好学习、善加培养的话，将来肯定是诗坛的新秀，前途不可限量。可是仲永父子俩却犯了一个致命的错误，整天去向别人炫耀，去招摇获利，结果当仲永长大成人以后，已经什么也写不出来，和普通人没什么区别了。虽然故事中没有提到当时的人对仲永的评价，但是我们也能想象得到人们可能的态度，惋惜、嘲笑大概兼有吧。

所以，人不可有虚浮之心，不可有了一点小学识就沾沾自喜，逢人便讲，到处炫耀，而是要把精力放到充实内心上。

其实，但凡真正有素养的人，都是淡定的人，虽然他们广有学识，但是却从来不在人前炫耀。西晋的王湛就是这样的一个人，虽然他"剖析玄理，微妙有奇趣"，但是他却从来不向人夸耀。

王湛年纪轻轻就很有见识，但是他平时从不表现自己，别人有对不起他的地方，他也从不去计较，因此很多人都轻视他，连他的侄儿王济也瞧不起他。吃饭的时候，桌子上明明有许多好菜，王济也不让这位叔叔吃。王湛吃不到好鱼好肉，就叫王济给他点儿蔬菜吃，可王济又当着他的面把蔬菜也吃了，但王湛并不生气。

一天，王济偶然到叔叔的屋里去玩，见到王湛的床头有一本《周易》，这是一本很古老又难读懂的书。在王济看来，王湛这样的木头人怎么可能读懂这样一部书呢？于是他就问："叔叔把这本书放在床头干什么呢？"王湛回答说："身体不好的时候，坐在床头随便看看。"

王济怀疑叔叔读《周易》不过是做做样子而已，便有意请王湛说说书中的一些意思。王湛分析其中深奥的道理，深入浅出，非常中肯，讲得精炼而有趣，这是王济从来没有听到过的。

于是，他留在叔叔的住处，接连好几天都不愿回去。经过接触和了解，他深深感到自己的知识和学问比起叔叔简直差了一大截。他惭愧地叹息说："我家里有这样一位博学的人，可我这么多年还不知道，这是我的一个大过错啊！"几天后，他要回家了，王湛又很客气地把他送到大门口。

王济有一匹性子很烈的马，特别难骑，就问王湛："叔叔爱好骑马吗？"王湛说："还有点儿爱好。"接着王湛就骑上这匹烈马，姿态容貌悠闲轻巧，速度快慢自如，连最善骑马的人也无法超过他。王济对他平时骑的马特别喜爱。王湛又说："你这匹马虽然跑得快，但受不得累，干不得重活。最近我看到督邮有一匹马，是一匹能吃苦的好马，只是现在还小。"王济就将那匹马买来，精心地喂养，等它与自己骑的马一样大了，就进行比试。王湛又说："这匹马只有背着重量才能知道它的能力，在平地上走显不出优势来。"于是，王济就让两匹马在有土堆的场地上比赛。跑着跑着，王济的马果然摔倒了，而从督邮那里买来的马还像平常一样，稳稳当当。

通过这些事情，王济开始从内心深处佩服叔叔的学识和才能了。他回家以后，就对父亲说："我有这样一位好叔叔，比我强多了，可我以前一点儿也不知道，还经常轻视他，太不应该了。"

晋武帝平时也认为王湛是个呆子。有一天，他见到王济，就像往常一样开他的玩笑，说："你屋里的傻叔叔死了没有？"

要是在过去，王济会无话可答，可这一次，王济大声回答说："我叔叔根本不傻！"接着，他就把王湛的才能学识一五一十地讲出来，武帝也相信了。经过王济的这一番称赏，王湛的名声渐渐传播开来。他后来历任秦王文学、太子洗马、尚书郎、太子中庶子、汝南内史等职位。

王湛是一个典型的淡定的人，虽然他广有学识，见解独特，但是却沉思内敛，毫不张扬，从不在人前炫耀，以致连他的侄子也不知道。不过是金子总会发光的，最后王湛凭借自己的学识还是坐上了汝南内史的职位。

也许有人会说，对于现在来说，"酒香不怕巷子深"的时代早已经过时了，如果我们一味地掩藏自己的才华，就像王湛那样，那样只能终生被埋没了。哪还有展露才华的机会？

当然，每个时代有每个时代的特色，在现在人才济济的时代，当然需要尽力展现自己，而且这种观点也成了主流，但是也不能忽略一个问题，就是因为我们太注重表现自己了，把工夫过多地花在了表现上，结果恰恰漏掉了最重要的问题，那就是充实内在。

人不可有虚浮之心,不可有了一点小学识就沾沾自喜,逢人便讲,到处炫耀,而是要把精力放到充实内心上。

人生因为有规划才不迷失

古往今来,凡是办得好的事,办得成功的事,无一不是在周密的策划之后完成的。没有预先策划而莽撞办事的人,即使偶尔得利,最终也得不到自己想要的结果。美国百万富翁罗杰和桃乐丝夫妇的发迹就起始于一次周密的策划。

第二次世界大战前,罗杰是一名推销经理,妻子是一名时装模特儿。二次大战时,罗杰应征入伍,在服役中受伤,入海军医院疗养了一阵子。

在疗养期间,他从事皮革加工以打发时间。罗杰和桃乐丝,无论是哪一个,做梦都没想到这件事竟然决定了他们往后的一生。

第二次世界大战结束,罗杰返乡,恢复平民生活的某一天晚上,桃乐丝的一位朋友到他们家做客(此时他们住在纽约)。

茶余饭后,大家闲谈了一阵子之后,这位女士得意地向他们展示新买的手提包说道:"这玩意花了我 80 美金。"

罗杰听完之后,便把那只皮包拿过来,翻来覆去地看了一遍之后说:"太贵了!这种货色我用 15 美金可以帮助你做出来。"

第二天,为证明自己不是吹牛,罗杰马上出门去买了一套工具和上等牛皮。

一回到家，罗杰便立刻跪在地上开始剪裁、缝制，没多久，手提包就完成了。其手工之精致，令桃乐丝看到之后爱不释手！罗杰看太太高兴，自己也很高兴，在高兴之余，他脑中突然电光一闪，既然自己具备技术方面的知识，又有推销经验，桃乐丝在时装界又有许多熟人，自己何不朝皮革制造业发展呢？

于是他把自己的想法与桃乐丝商量，桃乐丝也觉得这是个好主意，因此二人联手，决心展开行动。就这样一个创业策划形成了。

刚开始时，他们在自己只有三个房间的公寓中制造样品（为拿去给买主看的），由桃乐丝设计，罗杰负责制作，二人工作得不亦乐乎！

但他们都知道还有一个最大的问题尚未解决——那就是该如何获得订单，若无订单，创意再好也是枉然。

罗杰将样品夹在腋下，不辞劳苦地走遍纽约大商店，但由于他们年轻，名气又不大，所以不断遭到拒绝。

但罗杰并不气馁，他总是替自己打气，鼓励自己继续试别的机会。

终于，他遇见纽约著名商店"苏克斯"的供应商。这位供应商一看到罗杰带来的样品便十分欣赏，他表示罗杰能做多少，他都愿意购买。

于是，罗杰他们小小的公寓房里每晚都大放光明。他们夫妻俩为了应付订单，夜以继日地工作着，皮革与工具散得满地都是，两个孩子穿梭其间玩耍，此时，家庭已变成了工厂。那段日子他们的确过得十分艰辛，夫妇俩不但要维持生计，还要照顾两个孩子，异常劳累。直至今日，在他们当时居住的寓所的地板上，仍然留着他们辛勤工作的痕迹。

两三个月转眼就过去了，他们所收到的订单不断增多。

罗杰租下车库上的阁楼，然后和太太二人继续在那儿努力工作。后来，桃乐丝又设计出一种小孩用的沙袋型手提袋，她的创意被送到

"Iook"这个全国性杂志的编辑部。

某位编辑对她的创意非常感兴趣,并且还以此为主题写了一篇专题报道,也附带介绍了一下罗杰与桃乐丝的奋斗史。

这篇刊登在全国杂志上的文章,使他们一夜之间声名大噪,产品在极短的时间内便卖出 100 万个。

此后,他们便踏上了平坦大道,纽约和洛杉矶都设有他们的工厂,所雇员工达 140 名,所制产品向全国主要商店交货。

由于产品畅销,罗杰与桃乐丝赚取人生中第一个 100 万美金的那一年,才 30 岁出头。

就这样,在海军医院疗养期间所获得的某种创意终于发展成一桩大事业。

我们从以上的例子中不难看出,策划对于一件事情的成功具有多大的重要性。所以,我们不论做什么事都不能忽视预先的策划。

古往今来,凡是办得好的事,办得成功的事,无一不是在周密的策划之后完成的。没有预先策划而莽撞办事的人,即使偶尔得利,最终也得不到自己想要的结果。

强者的心态铸造强者的命运

要成功首先就要有积极的习惯,如积极的思维、积极的微笑、积极的手势、积极的语言,当然还有积极的行动,最重要的就是无所畏惧。

积极心态就是把好的方面、正确的方面扩展开来，并在第一时间投入进去。积极的人像太阳，走到哪里哪里亮。这种心态不但使自己充满奋斗的阳光，也会给身边的人带来阳光。而且还能让你不断地往大脑中输入正面的信息，开启你的心智，想出解决问题的办法，而不是畏惧和退缩。

在西安附近有一个小镇，镇上有一位名叫阿至的男孩，他十分可爱，也是位真正的男子汉，一个真正意志坚强的人。他是个天生顶尖的运动好手。不过在他刚入中学不久腿就瘸了，并迅速恶化为癌症。医生告诉他必须动手术，他的一条腿便被切掉了。出院后，他挂着拐杖返回学校，阿至高兴地告诉朋友们，说他将会安上一条木头做的腿："到时候，我便可以用图钉将袜子钉在腿上，你们谁都做不到。"

足球赛季一开始，阿至立刻去找老师，问他是否可以当球队的管理员。在练球的几个星期中，他每天都准时到球场，并带着教练训练攻守的沙盘模型。他的勇气和毅力感染了全体队员。有一天下午他没来参加训练。老师非常着急。后来才知道他又进医院做检查了，并得知阿至的病情已恶化为肺癌。医生说："阿至只能活两个月左右了。"

阿至的父母决定不将此事告诉他。他们希望在他生命最后的时刻，尽量让他过正常日子。所以，阿至又回到球场上，带着满脸笑容来看其他队员练球。给其他队员加油鼓励。因为他的鼓励，球队在整个赛季中保持了全胜的纪录。为庆祝胜利，他们决定举行庆功宴，准备送阿至一个有全体球员签名的足球。但是宴会并不圆满，因阿至身体太虚弱没能来参加。

几周后，阿至又回来了。他这次是来看足球赛的。他脸色十分苍白，除此之外，仍是老样子，满脸笑容，他和朋友们有说有笑。比赛结束后，他到老师的办公室，整个足球队的队员都在那里。老师还轻声责问他："怎么没有来参加宴会？""老师，您不知道我正在节食吗？"

他的笑容掩盖了脸上的苍白。

其中一位队员拿出要送他的"胜利足球",说道:"阿至,都是因为你。我们才能获胜。"阿至含着眼泪,轻声道谢。接着老师、阿至和其他队员谈到下个赛季的设计,然后大家互相道别。阿至走到门口,以坚定、冷静的目光回头看着老师说:"再见,老师!"

"你意思是说,我们明天见,对不对?"老师问。

阿至的眼睛亮了起来,坚定的目光化为一种微笑。"别替我担心,我没事!"说完话,他便离开了。

两天后,阿至离开了人世。

原来阿至早就知道他的情况,但他却能坦然接受。这说明他是一个意志坚强、积极思考的人。他将悲惨的事实转化为富有创意的生活体验。或许,有人会说,他还是死了,积极思想最终也未能帮他多少忙,这并不完全对。至少阿至积极心态的力量在最坏的环境中创造出了令他振奋而温暖的感觉,他不逃避事实,而是接受了命运,但又不让自己被病痛击倒。虽然他的生命如此短暂,他仍把握它,把勇气、信仰与欢笑永远留在他所认识的人们心中。一个能做到这一点的人,你还能说他的一生失败吗?

这就是积极心态的力量,积极心态的特点是自信、诚实、踏实、有爱心,消极心态的特点是悲观、失望、自卑、虚伪和欺骗。"积极"能使一个懦夫成为英雄,从心志柔弱变为意志坚强,由软弱、消极、优柔寡断的人变成积极的人。只有你才是自己命运的主人,只有你才能把握自己的心态,而你的心态塑造着自己的未来,这是一条普遍的规律。

积极心态就是你的最佳心理状态。比如,一位射击世界冠军每次射击时,他都会举起他的弓,眼睛锁定 30 码以外的靶心,此时此刻,除了红色靶心以外,没有任何事可以吸引他的注意力。他拉紧了弦,眼睛注视目标，沉着而迅速地审视一遍自己的身心状态，若感觉有一点儿不对，他就放下弓，放松，再重新拉一次；如果一切都检视无误，他只要瞄准靶心，放心地让箭飞出去，就有信心射中红色靶心。这种冷静的信心十足的状态，就是体坛明星们的最佳心理竞技状态。当心态不佳时，甚至会输给名不见经传的小字辈。同理，即便一位平时成绩平平的运动员，当他处于"最佳心理状态"时，也可能取得惊人的成绩，打败那些技术水平虽高但状态不佳的运动员。

"心态"如何在很大程度上决定着人生的成败。在一项任务刚开始时的时候，心态就决定了最后能取得多大的成绩，这比任何其他因素都重要。在人的一生中，积极的心态是一种有效的心理工具，是你能够看透自己的必备素质。如果你认为自己能够发挥潜能，那么，积极的心态便会使你产生必胜直觉，从而使你如愿以偿。

一个具有积极心态的人绝不是一个懦夫，具有这种心态的人了解自己的能力，一点也不畏惧，能永远立于不败之地。他们会从所发生的一切事情中掌握对自己最有利的结果。他们能不断地将"弱点"转化为"力量"！

人生最大的难题之一是如何把握自己的心态，重新获得成功的动力。对于那些能拼能赢者而言，他们的特长之一就在于能在遭受各种挫折之后，重新把握自己的心态，重新展翅飞翔。

要成功首先就要有积极的态度，如积极的思维、积极的微笑、积极的手势、积极的语言，当然还有积极的行动，最重要的就是无所畏惧。

善于发掘自身的潜能

每个人都充盈着巨大的潜能,每个人都有权利、有义务、有责任去挖掘它,从而为自己的人生增添精彩与亮丽,千万不要活在借口之下,千万不要自我拒绝。要永远记住这样的哲理:人活在世,可以有无数个追求,但你至少要有一样东西拿得出手,哪怕这样东西不是很起眼。否则,你的人生之路难免留下一片片空白。

一个人的潜能,应该是无限的。在本行业有出色表现的人,未必不能在本行以外有超常发挥。

著名苏联教育家利特维诺夫在回忆录里这样写道,他认识几个技艺精湛的钓鱼能手,全都非常聪明,全都是本行的大师。一个是才能出众、多次获奖的音乐家;另一个是出色的蒸汽磨粉机专家;第三个虽然没有受过高等教育,但是成功地管理着一个工厂;第四个是技艺极其高超的细木工匠……行行出状元,每个人都有自己的优势。其实,行与行之间,有时也会有很多相通之处,每个人只要充分挖掘自我潜能,便能成就自己,取得成功。

每个人的身体内部都蕴涵着相当大的潜能。著名科学家爱迪生认为潜能对人们有着巨大的影响和作用,在他看来,如果我们做出所有我们能做的事情,我们毫无疑问地会使自己大吃一惊。

一位山民拥有一块肥沃的土地,本来生活得不错,但是,他渴望得到传说中的一块珍贵的钻石。于是他卖掉土地,离家出走,到遥远的地方寻找钻石。然而，他一无所获，非常失望。最后，他花光了一生的积蓄，自杀身亡。

他的那块土地转让给另外一个山民。买下这块土地的山民在土地上散步时，无意中捡到一块亮闪闪的钻石。就这样，在这块土地上，新主人发现了最大的钻石宝藏。

这个故事告诉人们一个很深刻的生活哲理：每个人都拥有丰富的钻石宝藏，即潜力和能力。这些潜力和能力足以使自己的理想变成现实。而你所要做的只是开发自己的"钻石"宝藏，不断地挖掘和运用自己的潜能。但是人们却往往缺少发现的眼光。

波兰作家显克微支感慨道："人生是最伟大的宝藏，我知道从这个宝藏里选取最珍贵的珠宝。成功只属于那些相信自己能力的人，属于那些善于正确开发自身潜能的人。"

每个人的潜能好像一座正待开发的金矿，表面看似平常，其实内值千金。只要我们努力挖掘，就能把这些金矿用于生活当中。我们身上的潜能也一样，只要我们勤奋努力，就能释放出巨大的能量。

有一个鹰蛋，被上山游玩的小孩子拿回了家，家人把这个蛋放到鸡场，和那些鸡蛋一起孵。

后来，鹰和小鸡都孵出来了，小鹰和小鸡一起长大。但是鹰一直很伤心，因为鹰的长相，一点儿都不像其他伙伴。因此鹰不能和鸡伙伴一起玩，只能独自发呆。

就这样，鹰一直和鸡生活在一起。随着时间的推移，鹰对自己的生活越来越不满足。它发现，自己内心里有一种奇特的感觉。它一直在想：我一定不只是一只鸡！

有一天，鹰在外面散步。一只老鹰从空中飞过，鹰感觉到自己的双翼有一股强大的力量，感觉心正猛烈地跳动。它抬头看着老鹰的时候，一种想法忽然出现在心中：养鸡场不是我待的地方，我要飞上蓝天，栖在山岩之上。

鹰从来没有飞过，就算是从高处往低处也没跳过。但是，鹰内心飞翔的力量和天性让鹰展开了双翅。经过不断的努力，鹰飞了起来。开始，它只能飞到房顶上，后来，它飞到一座小山上。最后，鹰飞到更高的山峰上，直冲天空。在天空中飞翔时，鹰才知道天空是如此广阔，自己是这么伟大。

每个人都像深埋在土里的金子。金子在土里发光只有它自己能看到，但当它被挖掘出来时，它的光比在土里更加灿烂。然而，如果它没有把自己挖掘出来，那么它永远不会发光。我们每个人心中的潜能也一样，只有自己去慢慢地挖掘、培养，才能发出应有的光芒。

谁都不知道自己拥有多大的潜能。许多科学家认为，人类的大脑只能展现出其中一小部分的潜能，而大部分都还处于沉睡的状态。虽然我们无法将这些沉睡的潜能唤醒，但是我们可以将自身已醒来的潜力完全发挥出来。

我们要自我超越，打开心中的潜能，每个人都隐藏着很多充沛而未开发的潜能。当你把这些潜能都挖掘出来时，你的能力也就强大了。朋友，也许你就是那只翱翔在蓝天的雄鹰，也许你就是深埋在土里的金子。勤奋努力吧！成功其实很简单。

画家朱子明原本是一位很有功底的山水画家。当他接旨进宫为宋朝徽宗皇帝画驴时，简直哭笑不得。

原来，朱子明因名气大，遭到同行们忌妒。同行们四处造谣贬低他，说他是个驴画家。哪知皇上竟然信以为真了。

朱子明进宫，放弃了山水画作，苦心为皇上画驴，并因此成为天下第一画驴人。尽管朱子明画驴是被逼出来的，但从画驴的成功看，朱子明有着不凡的创造潜能。发掘自己的潜能，固然是加强修养、开阔视野的需要，但同时亦应是兴趣所然，是自我创造快乐的必需。唯其如此，方能取得成功。

诺贝尔物理奖获得者费曼教授被戏称为"科学顽童"。有一年，他去巴西讲学，住在一家高级宾馆，结识了当地一支桑巴乐队。没事的时候，费曼便偷偷找他们学习打鼓，后来其打鼓的"创新"味道居然受到欣赏，并被准许参加演出。

中年的费曼还对绘画产生了浓厚兴趣，亲朋好友都不赞成他不务正业，但费曼兴之所至，难以逆转。

他说：在别人认为你不可能做好的事上获得成功，真是快事！

我们身上的潜能可以由兴趣激发出来。人身上的潜能是无穷无尽的，为什么绝大部分却处于休眠状态？主要是受心理上无形障碍的影响和阻碍。如果你想充分发挥你自己身上的潜能，想知道自己能胜任什么事，那就从现在开始，把你身上的无形障碍，也就是你害怕做的事，一项一项排排队，写在日记里，由易到难订个跨越计划。然后从第一件害怕做的事做起，直到不惧怕为止。这样每完成一项，你就跨越一个心理障碍，解除一根捆绑自己心灵的绳索，消除一次"我从未做过"的念头，擦去一个"我不敢做"的想法。

一个真正有自信力的人，也是最能挖掘自身潜能的人，遇事不愁、不恼、不怒，相反的是多思、多想、多干，平素的潜能必然及时给予回报。

如果把土地比做储备潜能的基地，那么人们心中的希望就如种子。当把种子播撒到沃土中，就会萌芽、成长、开花、结果。

成功者，既相信自己的潜能，更相信别人的潜能，俗语说：播种冷漠，只能收获孤独，人生多几位益友，就多几分潜能。有集体潜能的交会，就可能转败为胜。

说自己不行的人，他的潜意识也会把他自卑的念头变成失败的行动；说自己行的人，他的潜意识会把成功的信念，变成成功的行动。

"信念"二字，如果用拆字法来解释，信——由"人""言"两字组成；念——由"今""心"两字组成，我们如果把这4个字合起来一念，就是"今天我心里对自己说的话"。说"我行，我一定行"或者说"我不行，我一定不行"，这都是一个人心里对自己说的话。说自己不行，还不如仔细想想，选择适合自己的事，信心十足地对自己说："我行，我一定行！"

我们每个人的身上都隐藏着无穷的潜能，有如一位沉睡的"巨人"，就等待我们用睿智的心语去唤醒他。谁能唤醒他，谁就能在逆境中有希望，危难时不悲伤，失败时有韧劲，迷路时不彷徨。谁能唤醒他，谁就能确立远大目标，创造辉煌。

永远不要放弃自己

你的身边是不是有这样一些朋友，有的下定了减肥的决心，要天天跑步、节食；有的打算要开个服装店，把店面装潢得如何如何另类。可是过了很久很久，当你问起朋友减肥减得怎么样了，她说放弃了，因为觉得那种方法不管用；再问另一个朋友服装店开得好不好，他说觉得服装店不好干，还是打算开个小餐饮店好，等等。

这样一来，好像当初制定的那些目标没有一个付诸行动的，而且目标不是在变化就是被半途舍弃掉了。我们只能为这样的人感到惋惜，他们碌碌无为，终其一生可能都不会有什么大的成就。

其实，目标应该是一个长期坚持的东西，而且轻易更改不得。世界上很多的失败者一生其实并没有犯过什么错，但是由于本身弱点太多，自卑懦弱，总是不善于把看好的目标坚持下去。目标是有了，但是干了一点就半途而废，一有挫折就自暴自弃，不求上进，意志薄弱，缺乏忍耐力，没有决断力，结果只能品尝失败的苦果。

实际上，他们并不缺少成功的特质，如果能再坚强一点，多一点忍耐，无论什么时候都能提醒自己坚持下去的话，他们的前途必定一片光明！

很多人不能清醒地对待自己的事业，他们经常迷失方向，一会儿向东，一会儿向西，一下子试这个，一下子又试试那个，永远没有方向。他们失败的原因其实很简单，就是他们不知所求是什么。如果你也不知道自己所追求的是什么，那就永远不会有击中目标的那一天。

目标一旦确立，就不要轻易更改。目标专一不但需要有魄力，而且还需要有定力，摆脱其他事物的诱惑，不中途又见异思迁，更改目标。许多人只是为了某件事情时髦或流行就跟着别人随波逐流。他忘了衡量自己的才干和兴趣，忘了衡量自己的条件和机遇，最终找不到自我，丧失大好的时机，所以最后只追逐了一时的热闹，而失去了真正成功的机会。

有一个小男孩，他的父亲是位马术师，他从小就跟着父亲在农场里训练马匹。上到初中时，一位老师叫全班同学写作文，题目是"长大后的志愿"。

当晚，男孩洋洋洒洒写了 7 张纸，描述他的伟大志愿，那就是想拥有一座属于自己的牧马农场，并且仔细画了一张 200 亩农场的设计图，上面标有马厩、跑道等的位置。在这一大片农场中央，是建造一栋占地 4000 平方英尺巨宅的规划。

第二天，他把作文交给了老师。老师看后说："你年纪轻轻，不要做白日梦。你一没钱，二没家庭背景，可以说什么都没有。盖座农场可是花钱的大工程。这是很难实现的，你别好高骛远了。"

他接着又说："如果你重写一个不离谱的志愿，我会重打你的分数。"

这男孩回家后反复思量了好几次，他决定原稿交回，一个字都不改。他告诉老师："即使拿个不及格的大红字，我也不愿放弃梦想。"

转眼之间，二十余年就过去了。那位老师带了一批新学生来到一个豪华农场，他们要在这儿度过一周的夏令营时光。这座农场足足有800亩，成批的纯种良马在农场里自由自在地吃草。一座占地7000平方英尺的美丽住宅屹立在农场中央。

无意之中，师生两人在农场相遇了。当了解到昔日的学生实现了被他讥笑的"白日梦"，这时，这位老师很惭愧。他说："对不起，我曾泼过你冷水。幸亏你有毅力坚持自己的梦想。"

其实，成功有时候并非想象的那么难，而仅仅是一种选择，一种坚持，一种备受打击也绝不放弃的精神。有了明确而专一的目标，也就等于创造了一种前途，等于以坚强的决心抵御了失败的侵扰。你有坚不可摧的决心和毅力，就等于有了成功的基础。

古人云："行百里者半九十。"最后一段路往往是最艰苦难行的。能否意气风发、坚定不移地走好最后一段路是你能否成功的关键。但韧性不坚的人往往是这样，开始的时候，凭着一股冲劲，雄心万丈，希望无穷，然而，经过长途跋涉，精疲力竭，信心开始动摇，意志渐渐松懈，不免对自己怀疑，对前途绝望。因此不能坚持到底，以致前功尽弃。

电台广播员莎莉·拉斐尔在她的30年职业生涯中，曾遭辞退18次，可她没有因此另谋他职，每次被辞退后，她不是茫然不知所措，而是一如既往地、更加淡定地前进。她总是在失败后，放眼更高处，确立更远大的目标。现在莎莉·拉斐尔已成为自办电视节目的主持人，曾经两度获奖，在美国、加拿大和英国每天有800万观众收看她的节目。她说："我遭人辞退了18次，本来大有可能被这些遭遇所吓退，做不成我想做的事情，结果相反，我让它们鞭策我勇往直前。"

巴尔扎克说："苦难对于一个天才是一块垫脚石，对于能干的人是一笔财富，而对于庸人却是一个万丈深渊。"坚持到底的韧劲是成大事之人区别于普通人的必要条件。在厄运面前不屈从，在困难面前不低头，淡定地坚持到底是成大事者的表现。在生活的挫折和打击面前，垂头丧气，自暴自弃，丧失继续前进的勇气和信心，则是懦弱者的行为。

"前途是光明的，道路是曲折的。"这是人们常说的一句话。事实也的确如此，前行的路必然不会一路平坦，但只要方向正确，只要还有毅力，还能坚持下去，就要继续前进，唯有这样才能创造属于自己的奇迹！

成功有时候并非想象的那么难，而仅仅是一种选择，一种坚持，一种备受打击也绝不放弃的精神。有了明确而专一的目标，也就等于创造了一种前途，等于以坚强的决心抵御了失败的侵扰。你有坚不可摧的决心和毅力，就等于有了成功的基础。

拥有一颗金子般的心

据说上帝曾许诺：如果哪个泥人能够趟过他指定的河流，那个泥人就会得到一颗永不消逝的金子的心。

得到这个消息之后,泥人们久久都没有回应。不知道过了多久,终于有一个小泥人站了出来,说他想过河。

"泥人怎么可能过河呢?你不要做梦了。"

"你知道肉体一点儿一点失去时的感觉吗?"

"你将会成为鱼虾的美味,连一根头发都不会留下……"

然而,这个小泥人决意要过河。他不想一辈子只做这么个小泥人。他想拥有自己的天堂。但是,他也知道,要到天堂,得先过地狱,而他的地狱,就是他将要去经历的河流。

小泥人来到了河边。犹豫了片刻,他的脚踏进了水中。一种撕心裂肺的痛楚顿时覆盖了他。他感到自己的脚在飞快地融化着,每一分每一秒都在远离自己的身体。

"快回去吧,不然你会毁灭的!"河水咆哮着说。

小泥人没有回答,只是沉默着往前挪动,一步又一步。这一刻,他忽然明白,他的选择使他连后悔的资格都不具备了。如果倒退回岸,他就是一个残缺的泥人;在水中迟疑,只能够加快自己的毁灭。而上帝给他的承诺,则比死亡还要遥远。

小泥人孤独而倔强地走着。这条河真宽啊,仿佛耗尽一生也走不到尽头似的。小泥人向对岸望去,看见了美丽的鲜花、碧绿的草地和快乐地飞翔着的小鸟。也许那就是天堂的生活。可是他好像付出一切也是不可能抵达的。

上帝没有赐给他出生在天堂当花草的机会,也没有赐给他一双当小鸟的翅膀。但是,这能够埋怨上帝吗?上帝是允许他去做泥人的,是他自己放弃了安稳的生活。

小泥人以一种几乎不可能的方式向前挪动着,一厘米,一厘米,又一厘米……鱼虾贪婪地啄着他的身体,松软的泥沙使他每一瞬间摇摇欲坠,有无数次,他都被波浪呛得几乎窒息。小泥人真想躺下来休息一会儿啊。可他知道，一旦躺下他就会永远安眠，连痛苦的机会都会失去。他只能忍受，忍受，再忍受。奇妙的是，每当小泥人觉得自己就要死去的时候，总有什么东西使他能够坚持到下一刻。

不知道过了多久——简直就到了让小泥人绝望的时候，小泥人突然发现，自己居然终于上岸了。他如释重负，欣喜若狂，正想往草坪上走，又怕自己身上的泥土玷污了天堂的洁净。他低下头，开始打量自己，却惊奇地发现，他已经什么都没有了——除了一颗金灿灿的心，而他的眼睛，正长在他的心上。

他什么都明白了：天堂里从来就没有什么幸运的事情。花草的种子先要穿越沉重黑暗的泥土才得以在阳光下发芽微笑，小鸟要跌倒、失去了无数根羽毛才能够锤炼出凌空的翅膀，就连上帝，也不过是曾经在地狱中走了最长的路，挣扎得最艰难的那个人。而作为一个小小的泥人，他只有以一种奇迹般的勇气和毅力，才能够让生命的激流荡清灵魂的浊物，然后，照到自己本来就有的那颗金子的心。

吃得苦中苦，方为人上人。只有善待苦难，并能够忍受苦难，超越苦难，才能最终成为主宰自己的英雄。而有的人则被苦难折磨得不成人样，于是沦为苦难的奴隶，最终成为人们讥笑的对象。苦尽才能甘来，不经历风雨，怎么能见彩虹呢？

战胜心里的魔鬼

有一位跋涉在群山之间的旅人，在倒出他鞋子中的沙子时感慨地说:"使人疲倦的往往不是远方的高山,而是鞋子里的一粒沙子。"这句意味深刻的话,其实表达了这样一个道理:阻碍我们幸福的并非是生活中的困难,而是我们脆弱的心灵。如果我们的内心能够更坚强一些,更淡定一些,战胜心里的魔鬼,我们就会发现,原来生活的旅程是如此自在轻松。

每个人都有过恋爱的经历,当我们遭遇失恋的时候,仿佛天都塌了下来,感觉世间的一切都是灰色的,我们用酗酒、抽烟、赌博、逃避等手段发泄自己心中的愤懑和不满;我们遭遇挫败的时候,总感觉自己一无是处,活着也没什么意思,不如纵身一跃结束自己可怜的生命。我们感觉前方未知的征程遥遥无期,我们一度疲惫不堪,只是你可曾想过,疲惫不是因为未知的征程,而是因为心灵的脆弱。

只要试着淡定一点,你就不会轻易被打垮。比如,面对失恋,淡定者会这样想:虽然任何人都希望自己有一段美好的爱情,但是事事都不以人的意志为转移,不是自己的又如何强求得来?何况,爱情不是生活的全部,爱情的美好在于过程,只要我们经历了真爱,结局如何就顺其自然吧,因为我们毕竟全心地付出过,真心地拥有过,至少我们曾经那么接近幸福;挫败是通往幸福的阶梯,经历一次挫折,就会向前迈进一步,所以我们应该坚强地面对,无论男女,无论老少,我们所经历的和正在经历的,不过是上天对我们成长的一种恩赐。

每一次挫折都是新感觉,我们应该坚强地站起来,不让自己被同一块顽石羁绊;每一次情感的经历,无论怎么伤痕累累,痛不欲生,我们也要相信那不过是我们即将成熟之前必经的九九八十一难而已。

学会淡定,才能把握自己的命运。著名的音乐家贝多芬在事业的最高峰却遭遇了双耳失聪的现实。试想,一位音乐家不能听到悦耳的声音、优美的旋律,这是何等的残酷,可是贝多芬却从来没有因此脆弱过,他坚强地站了起来,强忍着内心巨大的痛苦,一步一步地走了下去。他用一颗淡定的心，面对挫折，甚至学会了去挑战生命的极限。在经历了重重障碍之后，他终于成功了，创作出流芳百世的《第五交响乐》。正是淡定，使得贝多芬迈向了梦想的国度，倘若他一遇到挫折便脆弱而倒，那就不会如此被世人铭记于心了。一个内心无法淡定的人是不可能创造出那么优美的音乐的。

一个失意的年轻人，向一位哲人讨教。哲人递给他一颗花生说："用力捏捏它。"年轻人用力一捏，花生的壳便碎了，剩下了花生仁。然后，哲人叫他再搓搓它，结果，红色的皮也被搓掉了，只留下白白的果实。

哲人再叫他用力捏捏，年轻人迷惑不解，但还是照做了。可是，不论他如何用力，却怎么也捏不碎这粒花生仁。哲人同样叫他再搓搓它，结果仍是徒劳无功。

最后，哲人语重心长地告诫年轻人："虽然屡受打击和磨难，失去了很多的东西，但始终要有一颗淡定的心，这样才会有美梦成真的希望啊！"

在人的一生中随时会碰到困难和挫折，甚至还会遭遇致命的打击。在这种时候，拥有一颗坚强的心，是攻破难关的杀手锏。

谁都需要完美，谁都渴望完美，然而生活有时会在我们的心灵深处画下不完美的一笔，我们只能接受，别无选择。当我们渴望善良的回应，出现的却是恶意的毁谤；当我们期待成功的喜悦，等来的却是失败的痛苦；当我们守望着鲜花与掌声，盼来的却是失败与挫折。但是只要我们用智慧和努力去克服脆弱，用坚强的毅力去坦然面对挫折，天使的微笑总有一天会在我们身边绽放。

淡定是一个盾牌，在生活的战场上所向披靡，攻无不克。如果没有坚强做伴，我们只能在唯唯诺诺、哀哀怨怨中失去自我、失去个性。陷在一件可小可大的事里，挣扎在一段越理越乱的感情里不能自拔。

总而言之，人要活得自我、活得幸福，拥有坚强的心是很重要的。

想一想，人生的酸甜苦辣咸，不过是上天给我们的生活体验，正因为有了这些，我们的生活才如此绚丽多彩。

所以，面对生活，我们要淡定。挥挥手，跟过去那个脆弱得不堪一击的你告别，从今天起，为自己营造一颗淡定的心，做一个拿得起放得下的人，幸福和欢乐就会向我们走近。

淡定是一种生活的智慧，唯有淡定，才经得起一遍又一遍的打磨。都说真金不怕火炼，而且越炼越纯，无非就是这个道理。

抛弃心中的杂念

现实社会，纷乱复杂，要想成功，的确很难。如今的很多人，虽然有时能确立奋斗目标，但大都不能"抛弃杂念"，所以，三心二意，心猿意马，不能静，不能安，不能虑，也就最终不能有所得。而大凡成功者的经验都有共通之处，其中"心无旁骛，专心做事做人"可以说是成功的先决条件，也可以说是"成功秘籍"。如果我们想要成功，就必须心无杂念，专心致志。

人生最好的境界是心静。一个人的能力，唯有在心静的情况下，才能发挥出最佳水平。安静，是因为摆脱了外界虚名浮利的诱惑。当然，人是不能只静不动的，即使能也不可取，否则就如一潭死水。你的身体尽可以在世界上奔波，你的心情尽可以在红尘中起伏，关键在于你的精神中一定要有一个宁静的核心。蜘蛛织网，织了好久，快要成功了，可一阵风吹来，吹破了网，蜘蛛重新织；第二次蜘蛛又快成功了，可是下雨了，淋坏了网，蜘蛛又从头织；就这样一次又一次，蜘蛛坚持不懈，终于织成了一张又大又结实的网。成事者心静，心静者成事，古今皆然。

  凭着"自考狂人"的称号，让人们记住了这个高中毕业一年就开始参加自学考试，创造了全国自考纪录——一年通过 23 门考试的杜家迁。杜家迁是江苏海州人，高考顺利考进江苏一所高校，开始了他的大学生活。然而他却因为对所学专业不感兴趣而对学习呈颓废状态。一次偶然的机会他接触到了自考，发现有些专业是他一直喜爱的，从此就一头扎进到自考的海洋里，一发不可收拾。最终选择了退学，完全走上了自考之路。杜家迁心中理想的职业是做个新闻工作者，为了实现梦想，他自考报名的第一个专业便是文学。与普通考生不同的是，除了文学，他还先后报了新闻、法律、广告、律师、公共关系、行政管理 6 个专业。令所有人都感到惊奇的是，杜家迁居然能够同时兼顾这 7 个专业，在 4 年时间里通过了 68 门专业课。其中在 2004 年下半年他一下子就报考了 11 门课程，2005 年上半年又报考 12 门课程，均一次性通过，并且分数都比较高，创造了全国自学考试一年通过课程的最高纪录。很明显杜家迁是成功的，然而他的成功却不是因为他有特异功能，除了喜爱所学专业以外最重要的秘诀就是心静、无杂念。用他自己的话说："很多同学都说拿起书一点都看不下去，其实那只是浮躁在作怪，只要心无杂念，保持心静，就肯定能看进去。我就是只要坐下来，就能马上专注于学习。"所以，心静是成功的一个必备条件。保持一颗静心，拥有良好的心态，对于想成功的我们是很有必要的。这样我们才会在一切困难与诱惑面前，做到心如止水，泰然自若，坦然面对！这样我们才会认真选择，一如既往地继续奋进！

  现实生活中，我们经常能听到一些不说家喻户晓吧，也够如雷贯耳的名字。他们为什么那么成功？瑞士钟表至今仍是世界上最精准的钟表。它的开创者与奠基人塔·布克，原是法国的一名天主教徒，因反对宗教统治流亡到瑞士，成为一名钟表匠。在自己的作坊里，他制造的钟表日误差低于百分之一秒。后来，他被捕入狱，被安排制作钟表。在失去自由的地方，他发现无论狱方采取什么高压手段，他都制造不出日误差低于十分之一秒的钟表。他最终找到了原因，真正影响准确度的不是环境，而是制作钟表时的心情。制表人在不满和愤懑中，要想完成254个精密零件的磨锉和1200道工序，根本是不可能的。

弈秋的棋技非常高，有两个人向他学习棋艺，一个人在学习的过程中专心致志地听老师讲解，看老师下棋，而另一个人却在学习的时候想着拉弓去射大雁。结果不言而喻，前者从老师那里学到精湛的棋艺，而后者却只学到了一点皮毛。在同样的条件下，为什么这两个人的结果会有这么大的差别呢？究其原因，是两个人对待学习的态度不一样，一个专心致志，另一个心不在焉，那么他们的结局差别如此之大，也就在情理之中了。这些故事告诉我们一个道理：一个人的能力，唯有在专心的情况下，才能发挥出最佳水平。无论是对弈，还是制作钟表，当事者必须心无旁骛、脑无杂念，沉浸于忘情、忘我的境界，一心专注于手中的事情，才会有奇迹的发生。人类历史上每一项重大发明创造与科学发现，都无不证明了当事者其时的心境：心无杂念。不专心致志地做一件事，就想取得成功，那只是空想。所以说，成功真的有什么秘诀的话，那就是要专心。

成功是因为心无旁骛，而失败则是因为心不在焉，在杂念的干扰下做如此需要集中精力的工作，不成功也就在情理之中。专心需要很大的代价吗？没有，只是需要坚持、冷静和舍弃。坚持就是要排除一切杂念，要有不达目的不罢休的劲头；而冷静更需要有宽阔的胸怀，坚定付出的努力会在不远的将来开花结果。舍弃是人生不断面对的，不舍哪有得。古训有言：欲多则心散，心散则志衰，志衰则思不达。既然欲求世事精彩，那么，朋友们，就不要贻误了大好时光，从琐事中跳出来吧，心无旁骛、专心致志做事做人，这才是成功的正道！

　　成功好像从不属于那些浮躁、不去认真学习、思考以及做事的人。一个人若想走上成功之路，首先必须有明确的目标。目标一经确立之后，就要心无旁骛、抛弃心中杂念、集中全部精力、勇往直前。

　　一次只专心地做一件事，全身心地投入并积极地使它成功，这样你就不会感到筋疲力尽。不要让你的思维转到别的事情、别的需要或别的想法上去。专心、静心于你已经决定去做的那个重要事情上，舍弃其他所有的事。你就会发现，成功其实离你很近。

第十一章
活在当下,明天更好

人生没有可回头的风景,时光倒流只是美好的夙愿。对于未来,我们要做的是去努力,而不是坐下来想象,唯有现在才是可以拿来享用的。所以,珍惜现在的每一天,这是人生中最美丽的一处驿站,好好地享受它吧!

无须为将来而烦恼

在现实生活中，有一些人一发现自己有快乐、幸福的感觉之后就感到奇怪，想知道是不是什么地方出了毛病，并开始怀疑这种感觉能否持久。……拥有幸福的人感到的是一种强烈的恐惧，以至他们不能把握住幸福，他们几乎是在获得了幸福的那一刹那就失去了它。

很大程度上，我们心灵平静的程度取决于我们能否生活在现在时。无论昨天或去年发生了什么，明天也许会发生或不发生什么，你身处的都是现在时，永远如此！

毫无疑问，我们许多人都将大部分精力花费在为各种各样的事焦虑的"神经焦虑"艺术上。我们让过去的问题和未来的忧虑来控制我们现在的时刻，如此以致于以焦虑，受挫，沮丧和不抱希望而告终。另一方面，我们搁置了我们的满足感、我们固有的优势以及我们的幸福快乐，经常说服自己"有朝一日"会比今天更好。不幸的是，这种告诉我们去指望将来的同一心理运动只会使我们重复过去，以致于"有朝一日"永远不会真的到来。约翰·列农曾说："生活是在我们忙于制定其他计划时所发生的一切。"当我们忙于制定"其他计划"时，我们的孩子们在忙着成长，我们所爱的人在离去或死亡，我们的身体在走形，我们的梦想在逝去。简言之，我们错过了生活。

许多人将生活过得如同是为了以后某一日的彩排，它不是。实际上，没人能够保证他或她明天仍在这里。现在是我们所拥有的惟一时间，也是我们能够加以控制住的惟一时间。当我们的注意力处于现在时，我们就会将恐惧从我们的头脑中排除出去。恐惧就是我们对于未来可能发生事件的忧虑——我们将没有足够的钱，我们的孩子将会陷入麻烦，我们将会衰老并死亡，如此等等。

为了战胜恐惧，最好的策略便是学会将你的注意力拉回到现在时。马克·吐温说："在我的生活中，我经历了一些可怕的事，只有一些事真的发生了。"这表达得很明确：无须为将来而烦恼。实践一下将你的注意力保持在此地此时，你的努力将产生巨大的益处。

如果天上的星辰一生只出现一次，那么每个人一定都会出去仰望，而且看过的人一定都会大谈这次经验的庄严和壮观。传媒一定提前就大做宣传，而事后许久还大赞其美。星辰果真只出现一次，我们一定会早做准备，决不愿错过星辰之美。不幸的是它们每晚都闪亮，所以我们好几个月都不去抬头望一眼天空。

正如罗丹所说的："生活中不是缺少美，而是缺少发现。"不会欣赏每日的生活是我们最大的悲哀。其实我们不必费心地四处寻找，美本来是随处可见的。可惜的是，生活中的此时此地总是被忽略，我们无意中预支了"此刻的生活"。想一想吧，早上还没起床时，你就开始担心起床后的寒冷而错失了被子里最后几分钟的温暖；吃早餐的时候，你又在想着开车上班的路上可能会堵车；上班的时候，就开始设计下班后怎么打发时间；参加派对又在烦恼着回家路上得花多少时间了。

我们总是生活在下一刻里。我们急着等周末来临、暑假来临、孩子长大、年老退休。等我们老时，我们真的也可以说是："我真是等不及要去死了！"

弗莱特认为，现代人之所以不能拥有此刻的、美好的生活，是因为我们总是担心时间不够，就像我们总是觉得钱不够一样。学习享受已经拥有的时间、金钱与爱是我们最重要的一课。

佛家常说："活在当下，"吃饭的时候就吃饭，休息的时候就休息。

放下过去的烦恼,舍弃明天的忧思,全身心投入当下的这一刻,才是生活的智者。

眼前的风景才是最美的

一个农夫临死前,请来一位哲人并问他:"我一身操劳,身心俱疲,还是一无所获,一贫如洗,我这一生是不是徒徒虚度?"

哲人只是微笑着说:"如果我用万贯家财和你交换你的儿女妻子,你愿意吗?"农夫很微弱但毅然坚决地说:"我不会同意的。"哲人还是微笑着回答道:"那你又何须苦恼呢?你拥有的是亲人的爱,他们是你最值得珍惜的东西。"农夫释然地笑了,望着眼前低泣的家人,安详地闭上了眼睛。

农夫最终懂得了生命中什么是最好的,所以他是在快乐中死去的。也许人生就是如此,得到更多并非意味着有真正的幸福,最好的就是自己当下已经拥有的。

人们常说,没有得到的,就是最好的,总是对那些"没有得到的"或"已经失去的"东西加以美化。其实,那完全是一种心理作用,人们总是习惯性地沉醉在梦幻之中。等梦醒的时候,才发现当下的、眼前的才是最好的。

李女士就要退休了,几个小青年围着她在讨论:退休了去做什么?她美滋滋地盘算着:"不用起早了,一觉睡到自然醒;有大把的时间,想去哪里就去哪里,不想去哪里都不去,在家里发呆、看电视;闷了逛街购物;无心无事天天赛神仙……"说得几个小青年流着口水,羡慕无比："哇，退休真好啊！"李女士一本正经地问道："如果现在我们换一换，让你来退休，也就是说，你已经像我这么老了，你肯不肯？"小青年们愣了愣，不约而同地说："那不要，我不要老，我宁可继续年轻，继续上班。"

其实，最糟糕的状态就是：年轻时一心想着退休，该退休了又觉得很失落不愿意退。人生的很多事情都是这样，总觉得看不见的东西才是最珍贵的。其实不然，唯有眼前看得见的风景才是最真实可贵的。珍惜当下拥有的东西，珍惜当下的一切，因为当下的就是最好的。

在人生前行的道路上，不要徒劳等待那个你幻想中所谓的"最好的"，你要相信眼前遇到的就是最好的，确定了，就不要犹豫。争取了就不要后悔。不要因为一次次的幻想、不知足，浪费了整个生命，等走完了整个旅程，才发现最好的已经错过，那时已晚矣！

甲和乙相约，到一个遥远的国度旅行，据说，那里有一池灵潭，人们到了那里，会产生飞升天上人间的感觉。许多年以后，两人在寻寻觅觅的途中相遇了，他们都顿悟到，那池灵潭太遥远了，他们就是走到白发苍苍，也不可能到达那个令人神往的地方。甲失望地说："我耗尽半生，结果什么都没看到，真叫人伤心。"乙倒是很坦然地说："这一路有许许多多美妙的风景，难道你都没有注意到？"甲一脸的尴尬神色："我只顾朝着灵潭的方向奔跑，哪有心思欣赏沿途的风景啊！"乙说："那就太遗憾了。当我们追求一个遥远的目标时，切莫忘记留意当下的美景！"

人生是一次漫长的旅行。在这无法回头的旅途中，我们应该珍惜当下的点滴幸福，把握住这美丽的岁月，及时采撷温暖的瞬间，欣赏身边美好的一切，不要一心想着远方的目标，而忽视了当下的美景。

人总是很贪婪，喜欢舍近求远，以为远处的景色是最美的，外面的世界更精彩。人们往往不懂得珍惜当下所拥有的，渴望的都是那些难以得到的，甚至根本无法得到的东西，往往忽略并厌倦了眼前的事物，对它们的美熟视无睹，心中自然就生出了不幸福的感觉。

但是，谁敢确定远处的风景一定比这儿好，远处的水一定比这儿清，远处的山一定比这儿高？又有谁敢保证寻找的途中没有猛虎怪兽，远处的森林中没有吸血的毒虫，远处的天空不会充满阴霾？

其实，一切美好都在眼前，不好好抓住当下，不好好珍惜当下，美好就会稍纵即逝。去享受人生最美的风景吧。它们不在远方，不在别处，就在当下，就在你的眼前，就在你手里。

无论身处何地，全然地处于当下

其实，生命并不是我们想像的那么坚强，当遇到变化，生活偏离了原来的轨道，裸露出生命脆弱的本质时，无论过去或是未来都变得不再重要。因此，我们应当把握住当下，活好当下，珍惜今天，过好此刻，这才是最真实的。人生在世，没有必要让未来很幸福，其实让当下很幸福就足够了。

从前，有一位有钱有权的富人，他一直为一个问题所困扰：人的生命中最重要的是什么？

于是，他找来了很多哲学家，并宣布谁要是能圆满地回答出这个问题，他就将他的财富与之一同分享。然而这些哲学家们的答案却没有一个能让这位富人满意的。但他们其中有一个人告诉他，在一座很远的山里有一位非常智慧的和尚，他可以回答出世上的任何一个问题。于是，富人就马上出发，亲自去找那位和尚了。

有钱的富人最终找到了和尚，富人把自己装扮成一个农民，来到和尚住的小屋前，只见他正坐在地上挖着什么。富人就问了："听说你是个很有智慧的和尚，能回答所有问题，那你能告诉我，人的生命中最重要的是什么？""帮我挖点土豆，"和尚说，"把它们拿到河边洗干净。我烧些水，你可以和我一起喝一点汤。"富人以为这是有意为难自己、考验自己的，于是就照他说的做了。

接下来，他与和尚一起呆了几天，他一直希望他的问题能得到解答，但是和尚却一直没回答。最后，富人急了，就说："我问你的问题你还没有回答呢！"和尚听后告诉他："你第一天问我的时候，我就告诉你答案了，只是你自己没明白而已。"富人听了之后觉得更纳闷了。

和尚接着说："你来找我的时候我向你表示欢迎，和你一起分享食物，让你住在我家里。"然后他看富人还是很纳闷，就说："一个人生命中最重要的就是要活在当下，现在就是最重要的时刻，而现在和你呆在一起的人就是最重要的人。"富人听了，恍然大悟。

只有活在当下，你才能够体验到真正的生活，才能享受到生活中的各种乐趣。

有位老太太买了一筐苹果，她总是先找烂的吃掉，好的都留到明天吃，结果到了明天她还是找个烂的吃掉，好的往后留。她就这样不断地吃烂苹果，结果到最后她吃掉的都是烂苹果。

俗话说沉浸于过去不如憧憬未来，憧憬未来不如活在当下。未来再怎么美好，也是一张空头支票；过去再怎么悲惨，也已经慢慢离去了。沉浸于过去只会使你丧失对未来的信心；未来是窗外的风景，它会给你希望，给你动力，但一味地憧憬未来会使你只能看着窗外发呆，很难破窗而出，也会使你对脚下的绊脚石视而不见。只有今天才是最真实的，是自己可以好好把握的。所以最重要的还是当下，还是现在，只有把现在过好了，我们才能真正地实现未来。

人世间值得我们去斤斤计较的事情真的太少了，如果你还有一些遗憾，那么请今天晚上回家后马上解决——要向某人道歉，今晚马上打个电话；要想赞美某人，今晚也打个电话说明你的意思。放弃等待的心智状态，立刻跳出来，进入当下这一刻，享受存在，珍惜今日，不要期盼别的特别的日子，如果有增加快乐的事情，决不要犹豫。如果有人告诉你"抱歉，让你久等了"的时候，你可以回答他："没有呀，我站在这儿享受当下并乐在其中。"

问问自己当下有什么事情需要去做，而不是明年、明天或五分钟之后。你随时可以应付当下，可是你永远也无法应付未来，也无此必要。未来的答案、力量、行动或资源，会在你需要的时候应运而生。所以，你想要掌控未来，那就好好把握现在吧，因为现在就是你曾经期待过的未来。

有人说，生命就是一个括号，左边出生，右边死亡。我们一生要做的事情就是填括号，要用靓丽多彩的事情，好心情把括号填满。内心的平静、工作的成效，都决定于我们要如何活在现在这一刻。塑造阳光心态，不论昨天曾发生什么，也不论明天将有什么来临，永远"活在当下"，因为快乐与满足的秘诀，就是全心全意地过好当下的每一分、每一秒。

不管你在哪儿，如果认真对待今天相处的每一个人，如果认真做好今天应该做的每一件事情，让自己始终保持今天的良好心情，那么何愁没有好的命运呢？美好及有意义的命运就掌握在今天，如果自己感觉每天都是美好的，那么人生也是美好的。

所以朋友，任何时间，任何地方，都要过好每一天，好好珍惜现在的每一刻，学会善待身边的人，才不会在今后的生活道路中让自己有太多的遗憾。

世界上什么东西最为重要？不是金钱，不是权力，不是美貌，而是自己面临的"今天的人，今天的事，今天的心"，这些东西才最为重要。而等待是一种消极的心智状态，"有朝一日我会办到"就意味着你只要未来，不要现在。

活着，就要享受过程

我们每个人都有自己的梦想，向梦想迈进的过程中，有时，我们掉进了陷阱；有时，我们迷失又找回了前进的道路。我们和路边的花草对话，对着天空的星辰冥想，顶着烈日的照射前进，冒着狂风暴雨大步向前……这些过程默默地隐入了我们的记忆。在休息时，在思考时，这些记忆时不时地闯入我们的脑海。而最后，当我们实现了梦想，获得令人瞩目的荣誉的时候，脑子里闪现的却仍然是自己实现梦想的过程。这就是过程的力量，过程的魅力。

尼采曾对旅游求乐的人这样评价："他们就像动物，愚蠢笨拙，攀登群山，大汗淋漓，人们忘了告诉他们，路上就有美丽的风光。"这话虽然有点偏激，却道出了旅行的真义。其实，旅行的真正魅力在于过程的享受：与心爱的人跋涉远行，捕捉沿途的点滴美景，体味从容淡定的相守，使心灵从千篇一律的生活中解放出来，得到充分的放松与自由。而我们却往往沉迷于对旅行目的地的追求，还常常为此弄得焦头烂额、身心俱疲。仔细想一想，还真是不值得。

人生也一样，我们总是一个接一个地为自己设立目标，匆匆地赶来赶去，不肯做片刻休息，甚至恨不能略过一切过程直至目的地；而一旦我们达不到目的，便唉声叹气，仿佛生命也失去了光彩。人们都太过于急功近利。我们想一步到达目的，我们想一下子收获成果，我们紧盯着远方的目标，不愿意为过程浪费太多的注意力！然而，当一个人实现了自己的目标的时候，并不是他最快乐的时候，要不然为什么李嘉诚那么有钱还要继续做生意,比尔·盖茨还不退休呢?

生命的意义在于过程,而非结果,更不能因为人的结果都是死亡而否定生存的意义。爱情、友情也会随着时间的流逝而失去,但我们也不能因为这段感情的消失而否定过去的一切。感情这东西,最是不可预测的,又有谁敢肯定自己或他人的感情能长久甚至永远不变呢?难道因为这个我们就不认真去爱了吗?

过程中蕴含着哲理,包含着所有的快乐和精彩,只有学会享受过程,体会过程中的美好,才能享受到人生的真正乐趣。我们摔了跤,就知道怎样避免摔跤;我们掉入陷阱,就知道以后怎样识别陷阱……自己的亲身体验比谆谆不倦的教诲印象要深得多。人生中,最美好的享受,并不是事情的结果,而是事情本身的经过。所以,在经历每一件事的时候,如果我们都能发现其独特的魅力,让自己真正地享受其中的过程,那么这样的人生就能更充实,更完美。

有的人懂得享受生活的过程,虽然这生活是重复的,甚至是有些无聊无望的,但是他从这个过程中看到了美。现实生活中的很多人却不懂得这一点,有些人太刻意地去追求结果,太注重成败与得失,就像本该在道路两旁看风景的人结果却成了赛跑的人,当自己到达终点时,回头望去,才发现自己已经错失了太多的美丽。

佛说:"享受过程的人是生活的智者。"他们知道如何从小事中获得乐趣,知道如何从最平常的事物中提炼出智慧,明白如何以乐观战胜挫折,明白如何把痛苦转化为自己的经验教训。他们有入微的观察力,超脱常人的思考,淡泊名利的心态,乐观向上的人生态度。即便有一天他们无法到达顶峰,他们也会由衷地说:"我享受了过程中的苦与乐,我没有什么可遗憾的。"

我们的人生就是一次遥远的旅行,重要的不是到达目的地,而是我们沿途看风景的那种美好心情。美好的山光水色、斑驳陆离的动物世界、花草飞虫曼舞的热带雨林、雄奇险峻的雪山深谷,自然万物让我们的眼睛应接不暇。婴儿的纯洁、少年的天真、青年的激情、中年的厚重、老年的淡泊；美好的爱情、温馨的亲情、真挚的友情；失败的痛苦、成功的狂喜、失恋的苦涩、亲人离世的忧伤，哪一种滋味，我们不应该好好品尝呢？哪一种感觉，我们能够逃得掉呢？哪一种经历，不是我们临终回首时的财富呢？这样一种过程，并不是每个人都能享受到的，所以，一定要把它当做上帝恩赐给自己的礼物，放慢脚步，细细体会其中的种种滋味，我们才会找到生命的价值和意义。

当你不快乐的时候，想一想自己是处于什么阶段，是结果之中，还是过程之中，如果是在过程之中，那么你还有乐趣；如果是在结果之中，已经停滞不前，那么以后的日子如果不加改变将是难以忍受的。因为结果带给人们的，往往是一时的兴奋或沮丧，而过程带给人们的是生命中最珍贵的体验，所以，人活着就应该享受生命的过程。

昨天、今天、明天

漫漫人生路上的时光仅仅只有3天：昨天、今天、明天。昨天早已成过眼云烟；今天正风驰电掣般飞过；明天姗姗来迟。纷繁的大千世界，每一天都是崭新的一天，每一天的每一个人都会发生不同的故事，岁月依旧，每一天都会有呱呱落地的新生命，它象征着新的一个开始，而每一天也都有撒手逝去的老人，它残酷地告诉我们生命的有限，惟一不变的就是：太阳仍然从东方升起，自西方落下，这是千古不变的定律。

哲人曾说："请珍惜人生吧！人生仅有3天：昨天、今天、明天。

昨天、今天、明天，构成了时光的年轮，组成了人生的'三步曲'。忘怀昨天的人，固然不会珍惜今天；虚度今天的人，固然也不会重视明天。"

世上之人有3种类别：为昨天而活的人，为今天而活的人和为明天而活的人。也许你会觉得第一种人感情专一，第三种人浪漫，而第二种人却是呆板的。但不能改变的是昨天已成过去，有些东西让我们记得，是为了今后能走得更稳；明天还没有到来，我们无法把昨天请回来，明天也不能提前拥有；明天给我们憧憬，让我们有希望，有奔头，可是，真真切切能让我们把握的只有今天，今天好像能代表我们生命的全部。所以最重要的是我们生命中的今天，这是我们唯一能把握的确定因素。

昨天、今天、明天，最重要的是把握住今天，抓紧现实中的一分一秒，胜过沉醉于梦中的一年百年。聪明的人，沉思昨天，抓紧今天，规划明天；愚蠢的人，悲叹昨天，挥霍今天，梦幻明天，最终浑浑噩噩虚度一生。人生要想活得有意义，那么就应该是：无愧无悔的昨天，丰硕盈实的今天，充满希望的明天。

常常怀旧的人，总是利用今天的时间来怀念往事而不做实事，而梦想明天的人，虽然有美好的梦想，但往往是不切实际的，惟有为今天而活的那种人，他们才是活得有意义的。他们既不会为昨天的过错而耿耿于怀，也不会为明天的事而浮想联翩。他们不仅活得踏实，而且还很潇洒，因为他们不会为昨天而感伤，也不会为明天而幻想。

今天不能把握好，就会成为遗憾的昨天。昨天好像是一朵凋零的黄花不足珍惜。明天就更不用说了，假如"日日待明日"，明天就是蹉跎岁月，就是惰性的借口，就是让我们碌碌无为的诱因。当然，我们在好好把握今天的同时，也决不能抛弃昨天，更不能放弃明天。

俗话说："昨天是基础，今天是行动，明天是计划。"没有今天，昨日就不会进步，计划的明天就会落空。没有今天，我们就驶不出昨天的港湾，就达不到明天的彼岸。所以，我们不能仅仅停留在为昨天的碌碌无为而叹息，否则，明天又会为今天的一事无成而悲伤；同样，如果只是沉浸在对明天的幻想中过日子，那么，明天带给你的只能是又一次失望。

今天总会成为昨天，昨天不可能再与我们相遇，我们只能定格在一个固定的昨天里。我们注定要活在今天，梦在明天，死在昨天。因此，昨天是我们真正的归宿，每个人只有明白了昨天，懂得了明天，才可能知道今天是什么。

昨天是帮助我们登上今天的台阶。没有昨天，我们就走不到今天。昨天是今天的重要组成部分。没有美好的昨天，就不会有丰富的今天；没有昨天，今天就会更加单调。我们曾经拥有得最多的就是昨天，昨天里有宝贵的财富，有渊博的知识，有深刻的思想，有超人的智慧，有生活所必需的丰富的物质文明。昨天已经逝去，我们不再拥有，今天正在悄悄地向我们走来，明天是一个极大的未知数，因此，我们只能用心去体验今天，珍惜今天，也就是已拥有了未来的昨天。

从前，有一位小男孩，年仅9岁就立下了出家的决心。一天，他来到寺院，要求慈慧大师为他剃度，慈慧大师就问他说："你还这么小，为什么要出家呢？"

小男孩说："我虽然才9岁，父母却已不在人世，我不知道为什么人一定要死去？为什么我一定非与父母分离不可？为了探这层道理，我一定要出家。"

慈慧大师非常嘉许他的志愿，说道："好！我明白了，我愿意收你为徒，不过，今天太晚了，待明日一早，再为你剃度吧！"

小男孩听后，非常不以为然地说道："师父！虽然你说明天一早为我剃度，但我终是年幼无知，不能保证自己出家的决心是否可以持续到明天；而且，你年龄那么大了，你也不能保证你是否明早起床时还活着。"

慈慧大师听了这话，拍手叫好，并满心欢喜道："对！你说的话没有错。现在我马上就为你剃度吧！"

其实，在人的一生中，今天是重要的，是你最有权力发挥或挥霍的。今天你把事情推明天，明天你把事情推到后天，一而再，再而三，事情永远也没个完，只有懂得如何利用今天的人，才会为明天做好成功的基础。

珍惜今天的所有，你会觉得生活原来真的很美，人生真的很绚丽多彩。珍惜今天，珍惜拥有，你便是世界上最富有的人。昨天告诉我们如何对待死亡，告诉我们如何获得新生。昨天让我们学会了回忆，学会了思考，学会了珍惜，学会了奋进，学会了取舍，让我们懂得了生死的含义。因此，我们只能回忆昨天，珍惜今天，展望明天，用我们自己的双手，撑起一片灿烂的天空！

聪明的人，沉思昨天，抓紧今天，规划明天；愚蠢的人，悲叹昨天，挥霍今天，梦幻明天，最终浑浑噩噩虚度一生。

乱我心者，昨日之日不可留

对于因过去一时的过错而带来的不幸和挫折，我们不应耿耿于怀。《坛经》上说"改过必生智慧，护短心内非贤"，意思有两个，一个是说知错能改善莫大焉，另一个就是让人们不要总停留在过去，过去的成功也罢失败也好，都不能代表现在和未来。

唐代文学家、哲学家柳宗元对于禅学一道也颇有研究，他所作的《禅堂》一诗就暗藏着深刻禅理——

万籁俱缘生，杳然喧中寂。

心境本同如，鸟飞无遗迹。

这首诗是柳宗元被贬之后所作的，前两句诗的意思是，大自然的一切声响都是由因缘而生，那么，透过因缘，能够看到本体；在喧闹中，也能够感受到静寂。后两句意思是说，心空如洞，更无一物，所以就能不被物所染，飞鸟（指外物）掠过，也不会留下痕迹。它不仅写出了被贬之后的幽独处境，而且道出了禅学对这种心境的影响。

可以说人的一生由无数的片段组成，而这些片段可以是连续的，也可以是风马牛毫无关联的。说人生是连续的片段，无非是人的一生平平淡淡、无波无澜，周而复始地过着循环往复的日子；说人生是不相干的片段，因为人生的每一次经历都属于过去，在下一秒我们可以重新开始，可以忘掉过去的不幸、忘掉过去不如意的自己。

在雨果不朽的名著《悲惨世界》里，主人公冉·阿让本是一个勤劳、正直、善良的人，但穷困潦倒，度日艰难。为了不让家人挨饿，迫于无奈，他偷了一个面包，被当场抓获，判定为"贼"，锒铛入狱。

出狱后，他到处找不到工作，饱受世俗的冷落与耻笑。从此他真的成了一个贼，顺手牵羊，偷鸡摸狗。警察一直都在追踪他，想方设法要拿到他犯罪的证据，以把他再次送进监狱，他却一次又一次逃脱了。

在一个风雪交加的夜晚，他饥寒交迫，昏倒在路上，被一个好心的神父救起。神父把他带回教堂，但他却在神父睡着后，把神父房间里的所有银器席卷一空。因为他已认定自己是坏人，就应干坏事。不料，在逃跑途中，被警察逮个正着，这次可谓人赃俱获。

当警察押着冉·阿让到教堂，让神父辨认失窃物品时，冉·阿让绝望地想："完了，这一辈子只能在监狱里度过了！"谁知神父却温和地对警察说："这些银器是我送给他的。他走得太急，还有一件更名贵的银烛台忘了拿，我这就去取来！"

冉·阿让的心灵受到了巨大的震撼。警察走后，神父对冉·阿让说："过去的就让它过去，重新开始吧！"

从此，冉·阿让洗心革面，重新做人。他搬到一个新地方，努力工作，积极上进。后来，他成功了，毕生都在救济穷人，做了大量对社会有益的事情。

冉·阿让正是由于摆脱了过去的束缚，才能重新开始生活、重新定位自己。

人们也常说，"好汉不提当年勇"，同样，当年的辉煌仅能代表我们的过去，而不代表现在。面对过去的辉煌也好、失意也罢，放在心上就会成为一种负担，容易让人形成一种思维定势，结果往往令曾经辉煌过的人不思进取，而那些曾经失败过的人依然沉沦、堕落。然而这种状态并非是一成不变的。

有一天，有位大学教授特地向著名禅师南隐问禅，南隐只是以茶相待，却不说禅。

他将茶水注入这位来客的杯子，直到杯满，还是继续注入。这位教授眼睁睁地望着茶水不停地溢出杯外，再也不能沉默下去了，终于说道："已经溢出来了，不要再倒了！"

"你就像这只杯子一样，"南隐答道，"里面装满了你自己的看法和想法。你不先把你自己的杯子空掉，叫我如何对你说禅呢？"

人生就是如此，只有把自己"茶杯中的水"倒掉，才能让人生倒入新的"茶水"。

人生之路漫长悠远，一路走来不知有多少羁绊坎坷、悲喜忧乐。学会淡忘，去苦存乐，不要让阴霾笼罩你的生活。

唯有淡忘，才能恬然

人的记忆对人本身是一种馈赠，同时也是一种惩罚，心胸宽阔的人，用它来馈赠自己，心胸狭窄的人则用它惩罚自己。

五台山很高，有师徒二人在山上修行。徒弟很小就来到山上，从未下过山。

徒弟长大后，师傅带他下山化缘。由于长期离群索居，徒弟见了牛羊鸡犬都不认识。师傅一一告诉徒弟："这叫牛，可以耕田；这叫马，人可以骑；这叫鸡，可以报晓；这叫狗，可以看门。"

徒弟觉得很新鲜。

这时，走来一个少女，徒弟惊问："这又是什么？"

老和尚怕他动凡心，因而正色说道："这叫老虎，人要接近她，就会被吃掉。"

徒弟答应着。

晚上他们回到山顶，师傅问："徒儿，你今天在山下看到了那么多东西，现在可还有在心头想念的？"

徒弟回答："别的什么都不想，只想那吃人的老虎。"

人的本性中有一种叫做记忆的东西，美好的容易记着，不好的则更容易记着。所以大多数人都会觉得自己不是很快乐。那些觉得自己很快乐的人是因为他们恰恰把快乐的记着，而把不快乐的忘记了。这种忘记的能力就是一种宽容，一种心胸的博大。生活中，常常会有许多事让我们心里难受。那些不快的记忆常常让我们觉得如梗在喉。而且，我们越是想，越会觉得难受，那就不如选择把心放得宽阔一点，选择忘记那些不快的记忆，这是对别人，也是对自己的宽容。

拿掉别人脖子上的十字架，就是等于给自己恢复自由身，尤其是在爱情的"事故"里。

一位美国朋友带着即将读大学的孩子去欧洲旅行，因为那里留有他青春的痕迹，故地重游，很是亲切，还有一缕说不出的伤感，因为曾失却的爱，就在这里。

和儿子进入大学城内的餐厅用餐，才刚坐下，父亲即面露惊讶神色。原来，这家餐厅的老板娘，竟是当年他在此求学时追求的对象。

二十多年岁月变更，当年的粉面桃花早已不再。父亲告诉儿子说，她是一家酒吧主人的千金，她的笑容与气质深深地吸引着他。虽然女孩父亲反对他们往来，但两颗热恋的心早已融化所有的障碍，他们决定私奔。

这位美国朋友托友人转交一封信给女孩，约定私奔的日期和去向。很遗憾，他等了一天，却没看到女孩出现，只看见满天嘲弄的星辰，怀抱琴弦，却弹奏失望。他只好带着一张毕业证书回到美国。

儿子听得如痴如醉。突然，他问父亲，当年他在信上如何注明日期。因为美国表示日期的方式是先写月份，后写日期；而欧洲是先写日期，再写月份。

父亲恍然大悟，原来自己约定的日期是 10 月 11 日，女孩却是欧洲的读法，判断为 11 月 10 日。一个月的时序误会，因而错失一段美好的姻缘。

二十多年来，他一直想用恨来冲淡想念；二十多年来，那女孩呢？她一定也在恨那个"薄情郎"。这位年近 50 岁的美国朋友，很想走过去，告诉老板娘：我们都错了，只为一个日期的误读，不为爱情。

两个对的人，却在错的时候，爱上一回。

最终，这位父亲没有站出来揭开谜底，只是默默地买单，然后轻松地回家。因为他在心中彻底地为一个爱情中的无辜女主角昭雪。

把相恋时的狂喜化成披着丧衣的白蝴蝶,让它在记忆里翩飞远去,永不复返,净化心湖。与绝情无关——唯有淡忘,才能在大悲大喜之后炼成牵动人心的平和;唯有遗忘,才能在绚烂已极之后炼出处变不惊的恬然。

人的记忆对人本身是一种馈赠,同时也是一种惩罚,心胸宽阔的人,用它来馈赠自己,心胸狭窄的人则用它惩罚自己。

活在当下即是幸福

人们不快乐的原因,不仅仅因为身上的生活压力,还源于对过去的追悔和对未来的担忧。这好比一肩挑了三副担子,如何能不活得累?把过去、未来这两副担子抛开,就会备感轻松。

如何把过去、未来抛开呢?方法有4个:

第一,对自己的现在感到满意

有人会想:我的最大烦恼就是对现在不满意——不是一般的不满意,而是非常非常不满意。除非给我一百万,除非找到一份高薪工作,除非女朋友跟我言归于好……否则我没有办法对现在满意。

这些想法似乎有道理,可惜过于偏执:一定要在此时此刻得到某种东西,那怎么可能呢?想马上得到一百万,除非去打劫;想马上找到一份高薪工作,除非是做梦;想马上……总之,我们要抛弃一定实现某个想法的念头,以平常心看待眼前的一切。不管自己现在处于什么境况,都是客观条件和主观努力造成的真实结果,这就是说,是我们应该得到的结果。

既然是应该得到的，有什么不满意的呢？好比花一元钱买到了价值一元钱的东西，公平得很。如果因为花一元钱没有买到一百元钱的东西而懊恼，那是贪心在作怪。如果以为花了一元钱只买到一角钱的东西，那是高估了自己所付出的努力，也是自找烦恼。

比方说，那个人为什么发财？他受过的苦，他受过的累，他受过的惊吓，他受过的羞辱，讲出来都让人直吐舌头。他花了一百元钱，买到一百元钱的东西，不是很合理吗？如果你希望像他一样富有，可以从现在开始像他一样付出。不过在付出之前，应该对眼前的结果感到满意。就好比跑到商店里，在没有付款之前，要对没有买到东西感到满意一样。

第二，不要把希望寄托在明天

有一则寓言故事：地狱的人口锐减，阎罗王着急了，赶紧召集群鬼，商讨诱人下地狱的办法。

群鬼各抒己见。

牛头说："我去告诉人类：'丢弃良心吧！根本没有天堂！'"

阎王考虑了一会儿，摇摇头。他认为，即使没有天堂，很多人还是不会丢弃良心。

马面说："我去告诉人类：'为所欲为吧！根本没有地狱！'"

阎王还是摇头。即使没有地狱，很多人还是不会为所欲为。

这时，一个小鬼提议说："我去对人类说：'还有明天！'…"

阎王大声叫好，当即决定采纳小鬼的妙法。

这个故事的寓意显而易见，导致一个人堕落的根源可能不是良心沦丧和为所欲为，而是拖延的恶习。而这一恶习会使自己的境况变得越来越糟，在绝望的情况下，极可能自暴自弃而丢掉良心、道德。

所以，要想抓住幸福，就要好好把握当下。今天该做的事不要拖到明天，眼前该做的事不要拖到后面。这样，你就能从容地掌控自己的命运。

第三，好好享受生活给你的一切

有人可能会说：我要什么没有什么，拿什么享受？

其实，只要你会享受，永远不乏可以享受的东西。现在是一个物质相对比较丰富的时代，吃穿住行等基本需求一般都能满足。即使在物质贫乏的年代，也可以"安步当车，晚食当肉"。即使没什么可玩的，捉个迷藏，爬个树，也是娱乐，怎么会缺少享受的东西呢？

总之，快乐就在身边，根本不必去费心寻找，关键要有一颗平静快乐的心。

有人曾问大珠慧海禅师："和尚修道用功吗？"

禅师回答说："用功。"

"如何用功？"

禅师回答："饥来吃饭，困来睡觉。"

那人继续问："所有人都是如此吃饭睡觉，与和尚用功难道有什么不同吗？"

禅师回答："不同。"

"有什么不同？"

禅师回答："世间人吃饭时不肯好好吃，百种索取；睡觉时不肯好好睡，千般计较。所以不同。"

慧海禅师可谓一言中的。绝大多数人并非真的没有条件享受快乐，而是自找烦恼。不是没有饭吃，而是杂念纷呈，吃得没滋没味。不是没有睡觉时间，而是心神不宁，睡不着觉。如果把杂念抛开，该吃饭时好好吃，该睡觉时好好睡，不是能享受到吃饭睡觉之乐吗？

第四，安心做好眼前的事情

有人会想：我很讨厌眼前这件事情，如何能安心做好？

有这种想法的人，往往是觉得自己大材小用，将来有更好的事情等自己去做，做眼前的事，只是过渡，只是无奈，所以越干越没意思，越干越心烦。

其实，对任何人来说，眼前的事才是真实的，在未来的事情没有到来之前，眼前的事情是自己唯一应该做好的。而且，未来的事情往往以眼前的事情为基础、为条件，只有安心把眼前的事干好，自己希望的好事才会到来。

有一天，一个人来到佛祖面前，问道："梵行圣者，你们居住在树林简陋的茅屋里，每天仅仅吃一顿饭，为什么还这样快乐？"

佛祖回答："不悲过去，非贪未来，心系当下，由此安详。"

佛祖寥寥数语，便道出了人生幸福的真谛：活在当下。

世界著名画家达·芬奇前半生际遇坎坷，怀才不遇。30岁时，他投奔到米兰一位公爵门下，几年过去了，事业仍无起色。在他的再三要求下，公爵总算开恩，让他去给玛丽亚修道院的一个饭厅画一幅装饰画。这是一件非常辛苦又无足轻重且没人爱干的活计，以达·芬奇的绘画才能来说，他早就有资格举办个人画展了，让他干这件苦活、脏活，似乎大材小用。但达·芬奇不这么想。他非常珍惜这个工作机会，全身心地投入到创作之中，乐此不疲。结果，他画出了一幅惊世绝作：《最后的晚餐》。

世上只有低贱的人，没有低贱的工作。人的价值在于他本身，而不在于他从事的工作。无论什么工作，都能把一个人的心态、个性、气质、修养、才能透露无遗。是金子还是石块，都能通过工作体现出来。只要安心工作，展示出让人珍视的价值，自然会受到珍视。

把握今天，才能弥补昨天的遗憾；把握今天，才能创造明天的辉煌。只有把握今天，才能实现明天的梦想。所以最当珍视的是宝贵的今天！

唯有珍惜现在，才能得到更多

林语堂告诉我们：知足常乐的秘诀是懂得如何享用你所拥有的，并割舍不实际的欲念。可多数人却是拥有了却不知珍惜，反而想要的更多。世间最珍贵的，既不是"得不到"，也不是"已失去"，而是现在所拥有的东西。得不到的无所谓珍贵不珍贵，已失去的只能作为永远的回忆，只有现在才实实在在地掌握在我们自己手中。所以，应该好好珍惜现在所拥有的，不要失去之后才后悔莫及。

两位多年未见的老朋友，一位在一家工厂做普通工人，另一位开着八家连锁店，老友相见，自是有很多的感慨。

工人对老总说："你老兄混得好啊。如今是要什么有什么。"言下之意不免带着点自叹不如和悲凉。老总笑着说："老弟，我说我过得并不舒服，你可能不信吧？"工人瞪直了眼睛："你是不是有点身在福中不知福啊？整天吃着山珍海味，周围都是高科技人才，到哪里都是前呼后拥，你还说自己不舒服？"老总笑着说："那好吧，你就和我在一起待上几天试试吧！"到了第三天，工人主动提出要回家了。老总再三挽留，工人真诚地说："本以为你的生活很舒服，可现在你要和我换我还不干呢。"

原来，这两天工人和老总寸步不离。老总一天要接上百个电话；两天时间，有十几个小时是在飞机上度过的，余下的时间是处理公司的各种事务；夜里12点钟，还在陪客户吃饭，唱卡拉OK；到了第二天凌晨，一个电话就把人叫醒，新的一天又开始了轮回。所以，工人受不了了,他觉得老总还没有他幸福。至少他有自己的时间来支配,至少他有充足的休息时间。

人大多是一个奇怪的动物,总是不在意那些拥有的东西,总是渴求那些自己没有的东西。拥有的时候总是不知道珍惜,失去了的时候才痛心疾首。幸福其实就在身边,只不过很多时候,我们身处幸福的山中,在远近高低的不同角度看到的总是别人的幸福风景,往往没有悉心感受自己所拥有的幸福天地。

从前,有一座寺庙,庙前的横梁上有个蜘蛛结了张网,庙里香火很旺,由于受到香火和虔诚的祭拜的熏陶,蛛蛛便有了佛性。

有一天,佛祖光临寺庙,对蜘蛛说:"我来问你个问题,世间什么才是最珍贵的?"蜘蛛想了想,回答说:"世间最珍贵的是'得不到'。"佛祖点头离开了。

过了 1000 年,佛祖又来到寺庙,对蜘蛛说:"我曾问你的那个问题,你有更深的认识吗?"蜘蛛说:"我觉得世间最珍贵的是'已失去'。"

又过了 1000 年。有一天,刮起了大风,风将一滴甘露吹到了蜘蛛网上。蜘蛛望着晶莹透亮的甘露,顿生喜爱之情。突然,又刮起了一阵大风将甘露吹走了。蜘蛛一下子觉得失去了什么,感到很伤心。这时佛祖又来了,问蜘蛛:"世间什么才是最珍贵的?"蜘蛛说:"世间最珍贵的是'得不到'和'已失去'。"佛祖说:"好,那我让你到人间走一遭吧。"蜘蛛投胎到了一个官宦家庭,名叫蛛儿,一晃长到 16 岁,成了婀娜多姿的少女。有一天,皇帝在后花园为新科状元郎甘鹿举行宴席。席间,来了许多妙龄少女,包括蛛儿和长风公主。蛛儿觉得甘鹿是佛祖赐予她的姻缘。但是,几天后,皇帝命新科状元甘鹿和长风公主完婚,蛛儿和太子芝草完婚。蛛儿深受打击,灵魂就要出窍。太子芝草赶来,对蛛儿说:"在后花园众多姑娘中,我对你一见钟情。如果你死了,我也就不活了。"说着就拿起了宝剑要自刎。这时,佛祖来了，他对蛛儿说："你可曾想过，甘露（甘鹿）是由谁带到这里来的呢？是风（长风公主）带来的，最后也是风把它带走的。甘鹿是属于长风公主的，他不过是你生命中的一段插曲。而太子芝草是当年寺庙门前的一棵小草，它仰慕你3000年，你却从未低头看过它。现在我再问你，世间什么才是最珍贵的？"蛛儿终于大彻大悟。人生只有三天：昨天、今天和明天。昨天是回忆，今天是人生的中心，只有抓紧今天，才能在明天生活得更美好。好好珍惜自己所拥有的一切，不要等到失去了才知道后悔，这才是生活的真谛。

生命中的每一瞬间，过去的都将永不再来，人生的每一次经历，都是生命中不可再得的体验，懂得珍惜自己并不是一件容易的事。生活着、工作着、奋斗着，总是美好的事情。唯有珍惜现在，才会创造出值得珍惜日子。

昨天是回忆，今天是人生的中心，只有抓紧今天，才能在明天生活得更美好。好好珍惜自己所拥有的一切，不要等到失去了才知道后悔，这才是生活的真谛。